壽山石文化叢書

王世襄題

方宗珪/ 著

寿山石
历史
掌故

ShouShanShi
LiShi ZhangGu

荣宝斋出版社

图书在版编目(CIP)数据

寿山石历史掌故/方宗珪著. - 北京:荣宝斋出版社,
2010.5
(寿山石文化丛书)
ISBN 978-7-5003-1190-4

Ⅰ.①寿… Ⅱ.①方… Ⅲ.①寿山石-掌故 Ⅳ.①
G894

中国版本图书馆 CIP 数据核字(2010)第 069783 号

责任编辑   刘 芳
装帧设计   安鸿艳
          王 玺
          孙海燕
          郑子杰
责任印制   孙 行
          毕景滨

寿山石文化丛书·寿山石历史掌故

出版发行 荣宝斋出版社
地   址 北京市宣武区琉璃厂西街 19 号
邮   编 100052
制   版 北京燕泰美术制版印刷有限责任公司
印   刷 廊坊市佳艺印务有限公司
开   本 787毫米×1092毫米   1/16
印   张 12
版   次 2010 年 5 月第 1 版
印   次 2010 年 5 月第 1 次印刷
印   数 0001-3000
定   价 86.00 元

目 录

新石器时代（距今约 4000 — 5000 年前）

一、社会概况

福建地处我国东南隅，背山面海，气候温和，峻峰竞秀，川流纵横，森林繁茂，物产丰富，素有"东南山国"之称。早在四万多年以前，便有古人类在这片沃土上繁衍生息，进入新石器时代，原始氏族部落星罗棋布，文化纷呈。半个多世纪以来，在福建省境内先后发现原始社会文化遗迹数百处。其中，福州闽侯昙石山遗址是中国东南地区最典型的新石器文化遗存之一，在考古学上被命名为"昙石山文化"。

"昙石山文化"遗址位于闽江畔的福州闽侯甘蔗镇昙石村，自1954年以来，经过8次发掘，出土文物千余件。经专家考证，该遗址中、下层的新石器时代文化堆积，是昙石山文化的代表，具有鲜明的地方特色。遗址为我们展示了一幅在四五千年前合群聚居在闽江入海交接部原始人的社会生活图景。先民们依靠独特的地理优势，过着采集、狩猎和渔捞为主的生活，并开始从事简单的农业劳动。正是他们用劳动的双手，创造出独具地方特色的福州原始文化，为闽族的诞生和闽文化的形成奠定了基础。

二、浮村遗址出土新石器时代寿山石器

1957年初，福建省文物管理委员会在福州新店浮村一处与昙石山文化年代相近的史前文化遗址中，发现多件以寿山石为材料制成的石器。（图001）

浮村遗址位于福州市北峰山麓的新店镇浮村一座有三十多米高、名为"浮仓山"的圆形小山丘上。据地质学家研究，在六七千年以前，浮村尚在海浸范围，属闽江泛滥区，后来由于地质构造的作用，海面下降才逐渐出露形成平陆。据《闽都记》记载："晋太康时（280

图001 浮村新石器遗址位置图

浮村新石器遗址位置图

北 ↑

日 溪 乡

寿山石矿区

寿 山 乡

宦 溪 镇

新 店 镇

新浮村

★ 福建省政府

图 例

寿山石产地

0 2 4公里

★ 福州市政府

－289）凿东湖，山在湖心，上平下方，若浮仓然，今湖淤塞，周遭皆田矣。"又有民间传说：浮仓山曾为闽越王积谷之所，故而得名。

新石器时代晚期，先民们凭借浮仓山背靠北峰，面临闽江这样得天独厚的自然条件和地理环境，临水合群而居，创造出影响深远的物质文明和精神文明。在遗址出土的数以千计的遗物中，有石器25件，其质料经福建省地质局鉴定，以距浮村约十几公里的深山出产的寿山石为最多，品种主要有：

石锛——质料为灰白色寿山石。长3.4厘米，顶宽1厘米，刃宽1.5厘米，厚0.75厘米。式样扁平，横断面为长方形，顶端略缺，磨制精巧。与同时出土的若干件页岩质料的石锛比较，形体最为细小，制石技术达到一定高度。据专家分析，当非实用工具。

石镞——为寿山石质。磨制，已残缺。残长4.4厘米，宽1.5厘米，厚0.5厘米。两面有脊，呈柳叶状，横断面作扁菱形。

石凿——为寿山石质。长3.9厘米，宽1.3厘米，厚0.7厘米。状如锛，顶、刃同宽，面微凸而底平，磨制相当精巧，顶端稍缺，是一件精致的石器。（图002）

此外，尚有7件寿山石质的石器，因残缺过甚，不辨器形。

由于浮村遗址曾遭受过严重的破坏，以致出土的石器数量不多，且均有不同程度的损缺。但从这些迄今为止所发现年代最为久远的寿山石制品实物资料中，可以推断至少在四千多年前，福州寿山彩石已被生活在附近的土著"闽族"的先人所发现，并开始懂得利用其特有的温润质地、光洁色泽，精工磨制成在实用功能基础上创造出来的具有原始雕刻艺术雏形的石器，显示出远古人类的审美意识，从而拉开了寿山石雕历史的帷幕。

图002　浮村新石器时代遗址出土的"寿山石凿"
　　　3.9cm×1.3cm×0.7cm

南北朝时期（420—589）

一、社会概况

在魏晋南北朝历经近四个世纪的历史阶段中，中国一直处于政权分裂和地方割据的局面，黄河流域战乱频繁，而地处偏僻东南沿海的福建，局势则相对稳定，成了一方乐土。于是，饱受丧乱之苦流离失所的北方汉人纷纷南奔。

西晋末年，"五胡乱华"，匈奴、鲜卑等少数民族入主中原，北方局势更加动荡，豪门士族视闽中为避秦的"武陵桃源"，举族逃难入闽。当西晋灭亡之时，随晋元帝司马睿渡江的衣冠士族达百家，同时还有大批工匠、商贾和平民百姓。为数众多的汉人蜂拥而至，使得以福州地区为中心的福建人口激增，迎来了古代历史上的又一重大发展时期。

《晋书·地理志》云："闽越遐阻，避在一隅，永嘉之后，帝室东迁，衣冠避难，多所萃止"；清乾隆《福州府志》引宋路振《九国志》载："晋永嘉二年（308年），中州板荡，衣冠始入闽者八族，林、黄、陈、郑、詹、邱、何、胡是也。"这就是历史上所称的"衣冠南渡"。所谓八姓，只是举其有代表性的族群，实际移民远远超过此八姓。

早在三国以前，就有北方汉人陆续迁居福建，汉文化开始与土著闽文化有了频繁交流，在西晋的短暂统一期间，福州成为福建第一大城。而晋末永嘉年间的这场迁徙移民，称得上是历史上北方汉人大规模入闽高潮，也是中原汉人与闽越人的第一次大融合。他们在带来先进生产技术的同时，还传来了历史悠久的中原文化，从而促进了以福州为中心的闽江下游沿海地区经济、文化的日益发展和商业贸易、海上运输的逐步繁荣。到了南朝，王朝频繁更迭，迫使汉人继续南下，尤其是梁末的侯景之乱，迁闽者更众。

远古时代的闽族土著文化在它的发展历程中，经过战国时期与越族的结合，和两汉时中原移民带来的汉文化的滋润，使得闽江流域在保持闽文化特色的基础上，不断吸收华夏先进文化，获得空前的发展机遇。到了南朝，更加速了汉化的进程，从而完全融入到中华民族共同体中。寿山石雕艺术就是在这样的历史条件下诞生、发展起来的。

二、南朝寿山石"猪俑"

随着人口的大量迁入，促使闽地居民的生活习俗产生了许多变化，两汉"葬玉"风俗也传入了福州。按照中原传统民俗习惯，入葬时将一对玉、石雕刻成象征财富的小猪，死者握在手掌中，以祈求墓主在阴府尽享丰衣足食、荣华富贵的生活，称之为"握玉"。在福州地区的南朝贵族墓中亦出土这类"猪俑"随葬品，不过所采用的质料不是玉石，亦非滑石，而是就地取材，选择当地出产的寿山石。

1954年9月，福建省文物管理委员会在福州市仓山区桃花山福建师范学院建筑工地的一座南朝墓葬中，出土寿山石"猪俑"一对。每件高1.1厘米，长6.4厘米，在略呈方形的石条上，简单雕刻出猪的头部，突出表现长嘴及双耳特征，两侧石面用线条刻画出四腿位置，呈伏卧姿态，顶部阴线纹饰鬃毛，造型简朴。（图003）

同年，又在仓山区乐群路速成中学建筑工地的南朝墓中出土寿山石"猪俑"一对，高2厘米，长6厘米，作伏卧状，形态生动逼真，刀法粗犷简略。（图004）

1965年在福州市北郊二凤山一座纪年砖上标有"元嘉二十二年乙酉"（445）的墓葬中，也出土一对寿山石"猪俑"，高0.7厘米，宽1厘米，躯体后部有不同程度的残缺。呈扁平伏卧在地，头部凸出，圆鼻前拱，两耳贴附头颅两侧，不现四腿，背部线刻排列有序的对称饰纹。（图005）

以上是迄今所发现年代最早的寿山石雕刻品，经鉴定质料均为寿山老岭石。猪的造型与雕刻技法大致可分为两种类型：一是以写实的表现手法，简练生动地刻画出卧伏形态的小猪，具汉代雕塑艺术遗风；另一类是先将石料切锯成两头平齐的方柱条形，仅在前端雕琢出头部造型，突出嘴吻及眼、耳等具特征的部位，而身躯、四肢则完整地保留石材原状，仅以对称的阴线纹表现四腿与鬣毛，拙朴而传神。这种不拘泥于对象自然形貌、大胆夸张变形、强调装饰效果、富有想象力的艺术手法，表现出民间工匠们娴熟的工艺技巧和造型能力。

从这些为数不多、尚处于萌芽阶段的寿山石雕中，不难看出在传承古老的闽越文化的同时，还接受博大精深的中华传统文化濡染而形成了具有重质轻文审美情趣的浓郁地域特征，反映出寿山石文化与汉文化的渊源关系。

图003

图004

图005

图003
寿山石　卧猪　南朝
1.1cm×6.4cm
1954年福州仓山桃花山福建师范学院工地出土
福建博物院藏

图004
寿山石　卧猪　南朝
2cm×6cm
1954年福州仓山乐群路速成中学工地出土
福建博物院藏

图005
寿山石　卧猪　南朝
高0.7cm×宽1cm
1965年福州北郊二凤山出土
福州市博物院藏

隋唐五代（589—960）

一、社会概况

公元589年，隋文帝灭掉南方最后一个王朝——陈，结束了南北长期分裂对峙的战争局面，实现了中国的再次统一。隋王朝建立之初，由于采取了一系列加强中央集权的措施，对稳定社会经济、巩固国家统一起到了重要的作用。但嗣位的隋炀帝杨广，骄奢淫逸，穷兵黩武，从而引发全国性的农民起义，终于在公元618年结束了短暂的统治。李渊在长安称帝，建立了李唐王朝。

唐王朝政治强盛，经济繁荣，是中国封建社会的全盛时期。开元十三年（725）设福州都督府，为福州的开发与发展创造了十分有利的条件。此时，闽省的经济文化也进入一个新的发展阶段，成为中国东南部重要的富饶区域。

在唐代，由于帝王们的竭力提倡，佛教得以空前发展，福州地区也和全国各地一样，大兴佛学，遍修庙宇。加之沿海的开发，船运的发达，促进了对外文化、贸易的交往，僧侣出入频繁。据文献记载：唐天宝三年（744），鉴真和尚第四次东渡日本，先期到福州置办粮船，准备由此出洋；咸通六年（865）"延孝舶，自大唐福州得顺风，五日四夜，著值嘉岛"；新罗国僧人彗轮"自本国出家，翘心圣迹。泛舶而陵闽越，涉步而届长安"。唐末，东南亚三佛齐国，也常遣使团到福州，向唐廷进贡。

二、寿山兴建五大禅院

印度佛教自东汉时沿着丝绸之路传入中国后，得以迅速发展，到了两晋南朝时期开始传入福州。西晋太康三年（282），福州城北建造闽中第一座禅院——乾元寺（绍因寺），此后佛教在民间广泛传播，"殚穷土木宪写宫省，极天下之侈"。宋《三山志》记："闽之浮屠，始于萧梁，高者三百尺，至有倍者，铦峻相望"，其兴盛状况，可见一斑。

古言道："天下名山僧占多"，风景秀丽的寿山在唐代及五代后唐期间相继兴建起芙蓉院、九峰院、广应院、翠微院和林洋院五座宏大壮丽的禅院，僧侣数以千计，成为福州"五山丛林"之一。如今，除芙蓉院和广应院外，其他三座古刹仍存。（图006）

（1）芙蓉院

芙蓉院位于芙蓉山口（今属福州寿山乡芙蓉村）。唐太和七年（833）创建，咸通八年（867）朝廷赐额"延庆禅院"，是寿山最古老的寺院。宋太平兴国（976－983）间改名"兴国禅院"。

图006 唐、五代时期寿山五大寺院分布图

寿山五大寺院分布图

日溪乡

广应院

寿山乡

翠微院

芙蓉院

北

宦溪镇

九峰院

林洋院

图　例

乡界
公路
寺院
名山

0　　1公里

图007：寿山九峰镇国寺

该寺于明万历年间（1573－1619）曾毁于火，到了清康熙四十二年（1703），僧唯括发起重修旧寺，今已圮。

（2）九峰院

九峰院位于九峰山南坡（今属福州寿山乡九峰村）。唐大中二年（848）僧某贤创，咸通二年（861）号"九峰镇国寺"，相传寺额为晚唐杰出书法家柳公权所书。大顺元年（890）朝廷御赐僧慈惠禅师金钩玉环盘龙纹紫衣。

该寺在宋宣和年间（1119－1125）曾经修葺扩建，普光禅光禅师开法云集数千众。自明万历（1573－1619）后几经兴废。现寺院为清代建筑，殿内尚保留北宋宣和五年（1123）修建的碑刻题记。（图007、图008）

（3）广应院

广应院位于旗山马头岗南麓（今属福州寿山乡寿山村）。唐光启三年（887）始建，开山僧号妙觉。五代、两宋时禅院香火甚旺，当年刻有"当山比丘广赞舍财造槽"铭文的一口长三米余的石槽至今尚存。（图009）

该寺曾于明洪武间（1368－1398）毁于火，万历（1573－1619）初重建，至崇祯年间（1628－1644）再度颓废。（图010）

在五代后唐期间，寿山又兴建翠微院、林洋院两座禅寺。

（4）翠微院

翠微院位于蟹坪山前（今属福州寿山乡下寮村）。建于后唐天成元年（926），宋至和三年（1056）重建，后又历几度毁废，到了清光绪十三年（1887）由鼓山涌泉寺方丈妙莲住持修复成今貌。（图011）

（5）林洋院

林洋院（后称"林阳寺"）位于瑞峰之麓（今属福州寿山乡石牌村）。建于后唐长兴二

图008　九峰寺内藏宋·宣和碑刻

图009　寿山广应院宋代石槽

图010　寿山广应院遗址残存大殿石阶

年（931）。另据《闽都记》记载：林洋院建于后晋天福元年（936）。开山祖师为义存，再传弟子志端。明万历四十年（1612）僧大渊重建佛堂，改称"林阳寺"，未久再度荒废，至清康熙十二年（1673）重修。光绪年间（1875—1908），鼓山涌泉寺高僧古月禅师来寺任方丈，发愿兴复这座千年名刹，按涌泉寺格局重建殿宇，并将寺名改为"瑞峰林阳寺"。

近半个多世纪以来，古寺经过多次修葺扩建，殿堂计二十余间，面貌焕然一新。天王殿大门横匾"林阳禅寺"四个大字系中国佛教协会会长赵朴初于1981年所书，寺内收藏宋、明、清三代文物和佛经众多。（图012）在寺西山谷间有一座具"永定辛巳四月，小师行淳等立"题刻的"隐山"禅师藏骨塔。"永定"系南朝陈武帝年号（557—559），而"辛巳"应为文帝天嘉二年（561）。此塔的发现佐证了该处早在南朝就已有寺庙存在。（图013）

图011　寿山翠微院

图012　寿山林阳寺

图013-① 林阳寺旁南朝藏骨塔（左）

图013-② 藏骨塔题刻（右）

寿山石历史掌故 ◎ 隋唐五代

13

图013-①

图013-②

三、王审知主政期间寿山石崭露头角

　　唐代后期政治腐败，天下大乱，群藩割据，黄巢领导的全国性农民起义，得到江淮群雄纷纷响应。中和元年（881），河南光州固始王潮、王审知兄弟投奔王绪起义军，渡江南下。景福二年（893），为统一全闽，王审知率兵攻下福州城，先后担任福建观察副使、福建观察使，封为琅玡郡王。五代后梁开平年间（907－910）被封为闽王，执掌福建军政大权近30年。

　　王氏自中州入闽之时，为数众多的光州、寿州以及其他地方人民随之迁徙，福建出现了继晋"永嘉之乱"后北方人又一次大量涌入的高潮，历史上有"十八姓从王"之说。王审知主政期间，以史为鉴，以民为本，采取了"交好邻道，保境安民"的方略，与北方中原地区饱受兵祸之灾、经济摧残比较，闽地相对处于社会安靖、经济繁荣、文化昌盛的局面，创造出"时和年丰，家给人足"的盛世景象，为开创福建在五代时期曾经一度辉煌的"闽国"作

图014 五代·崇妙保圣坚牢石塔（俗称"乌塔"）

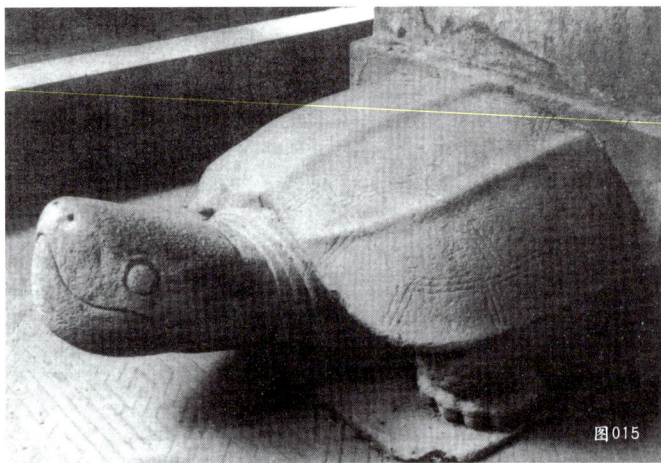

图015 立于乌塔旁的唐"贞元碑"龟趺座

出了重要贡献，被后人尊为"开闽始祖"。

崇奉佛教的王审知大力提倡、扶植佛教，在唐代兴佛的基础上又兴建庙宇佛塔200多座，使福建佛教臻于鼎盛。当时的福州出现了像宋诗人谢泌所描述的"湖田种稻重收谷，山路逢人半是僧。城里三山千簇寺，夜间七塔万枝灯"的奇观。在寿山不及十公里的范围内就建起五座大寺，这在闽中乃至全国都是罕见的。

当寿山广应院创寺之初，为建造殿宇在附近山中采集石材，无意中发现深岩中蕴藏着色彩绚烂、质地柔韧的冻石——寿山石矿脉。于是，寺僧们在修行之余大量开采美石，并利用其"洁净如玉，柔而易攻"的特性，雕制成菩萨造像、香炉、念珠以及其他宗教器具。这类以佛教为主要题材的石雕艺术品，除一部分作为寺院礼佛祭祀使用之外，还当成礼品馈赠四方施主信众。时逢福州对外交往密切，"云山自越路，市井十洲人"，寿山石及其雕刻品通过僧人、商贾、游客和使者流传各地，佛教的兴盛推动了寿山石雕艺术的发达。

可惜，由于年代久远，又历经天灾人祸等原因，那时的寿山石艺品今天已不复得见，但是我们可以从福州地区唐、五代的摩崖造像和寺塔建筑上残存的那些造型丰满、形象端庄、刻制浑朴的石刻中，大致了解那个时期寿山石雕的风格。（图014、图015）

宋元时期（960—1368）

一、社会概况

当五代十国后期，各割据政权处于日趋衰落之际，后周凭借经济和军事力量的优势，发起了统一战争。公元960年，担任后周军事统帅的赵匡胤乘出征之机，在陈桥发动兵变，黄袍加身，夺取政权，改国号为"宋"，定都东京（今河南开封），取代后周，并继续完成中原和南方的统一大业，史称"北宋"。

北宋政权经历一个半世纪，到了宣和七年（1125），在北方金王朝大举南侵的强大攻势下，宋徽宗仓促禅位钦宗。翌年，汴京沦陷，徽、钦二帝被掳，北宋亡。

公元1127年，钦宗弟赵构在南京（今河南商丘）被旧臣立为皇帝（即高宗），不久，迁都临安（今浙江杭州），形成与金朝南北对峙的局面，史称重新建立的偏安小朝廷为"南宋"。南宋半壁江山苟且偷生至祥兴二年（1279），终于被蒙古贵族建立的元朝所灭。

在南、北宋三百多年间，地处南疆的福建社会发生了巨大的变化。自太平兴国三年（978），吴越钱氏纳土降宋，闽地归入宋版图以后，中央政权于雍熙二年（985）设福建路，管辖府、州行政单位八个（即：福、建、泉、漳、汀、南剑六州，加上邵武、兴化二军），故有"八闽"之称。

在宋代初期，由于统治者采取一系列缓和的措施，同时，随着政治中心和汉文化圈的南移，北方人民大规模迁徙入闽，汉族与闽越文化的融聚基本完成，福建进入了一个大发展的全盛时代。经济飞跃发展，文化繁荣灿烂，成为宋王朝的重要政治经济依托，"惟昔瓯越险远之地，为今东南全盛之邦"。

此时，跻身于全国发达地区行列的福建，诚如宋人陈必复所说："而今世言衣冠文物之盛，必称'八闽'。"朱熹在《跋吕仁甫诸公帖》中亦云："靖康之乱，中原涂炭，衣冠人物萃于东南。"而作为福建政治中心的福州，其地位更显重要，呈现出"潮回画楫三千只，春满红楼十万家"；"百货随潮船入市，千家沽酒户垂帘"，一派港口大都会城市的繁荣景象，被誉为"东南洙泗"、"海滨邹鲁"。明《万历府志》载："福州俗尚文词，贵节操，多故家世族，君子朴而守礼，小人谨而畏法。宋诸儒倡濂洛之学，号海滨邹鲁。"

南宋德祐二年（1276），蒙古铁骑攻陷京都临安，恭帝赵㬎被俘。益王赵昰渡海南下福州，登极称帝，改元"景炎"，提升福州为"福安府"，定为行都。丞相文天祥和张世杰、陆秀夫等南宋旧臣也聚集闽中，继续抗元。

公元1279年元世祖忽必烈打垮流亡广东崖山的赵宋残余，结束长期以来宋、金对峙及边疆几个政权并立的局面，实现了空前的全国大统一，建立元朝，定都北京。在元代90年间，统治阶级为巩固政权采用分化政策制造民族矛盾，将各族人分为四个等级，蒙古人地位最高，其次是色目人，再次是汉人，最低等的是江南汉族和其他各族"南人"。处于社会最底层的福建"南人区"，备受阶级与种族的双重压迫，生灵涂炭，文化摧残，正如郑思肖在诗中所描述："天下黄金归朔漠，南中白骨蔽郊墟。"

二、宋代寿山石开采掀高潮

寿山石的开发和利用，经隋唐五代的持续发展，到了两宋便进入兴盛时期，出现历史上第一个挖山凿洞的采石高潮。

在宋代，寿山石的产地归属于福州大都督府的怀安县稷下里，矿洞散布在方圆十数里的山峦溪野之中。开采业由官府管理经营，规模庞大，品种颇多，出产矿石具红、青、紫、白、黑各色，其中有一种色绿如老艾之叶者，称为"艾绿"，最为珍贵难得。石质细腻，半透明或微透明，能晶莹明澈者，倍为稀罕。矿石块度大小不一，形态各异，大者可达一二尺

（宋制官尺每尺约为32厘米）。

据有关历史文献，参证出土的宋代寿山石雕实物可以推断：当时采掘寿山石的矿点主要集中在柳岭和九柴兰以及附近的山脉。同时，高山、坑头等处的优质冻石也已经开发，唯产量有限。

宋时的福州，因为远离战乱的中原，免遭兵燹之祸，所以局势相对稳定，经济比较富庶，工商业也相当发达。在这样的社会条件下，寿山石不但被朝廷列为贡品，供奉皇上，也被豪门权贵视若珍宝，争相购取玩赏，促使市场交易活跃，价格节节攀升。宋黄榦《寿山》诗中"石为文多招斧凿"句，正是对当时滥采寿山灵石情景的生动写照。句中"文"字，指纹理、花纹，形容寿山石之丽质，也可以作为"金钱"解，古代铜钱一面铸文字，故亦称"文"。

在统治者的严酷制度下，徭役繁重，加上官吏的变本加厉，巧取豪夺，采石工饱受层层剥削，过着食不果腹、牛马不如的悲惨生活。《宋史》中有这样的记载：绍兴年间"侯官县（今福州市）竹实如米，饥民采食之"。他们长年累月在深山僻岭中寻找矿脉，钻进大小仅能容身，出入必须蜷缩着躯体艰难爬行的深洞里，在微弱的火把亮光下，用原始的工具挖掘矿石，稍有不慎，岩崩洞陷，生命不保。

哪里有压迫，哪里就会有斗争。施行残酷奴役来满足帝王权贵骄奢欲望的"病民"苛政，必然激起矿工们的强烈反抗，罢工罢贡，"辇致巨石塞其坑"。卞二济《寿山石记》说："旧闻宋时采取病民，有司言上，请得以巨石塞坑路，由是取之者少。"高兆《观石录》和毛奇龄《后观石录》亦有同样记载。

到了南宋后期，在北方的蒙古军不断骚扰侵袭下，京都临安告急，赵宋王朝政权岌岌可危，于是曾经轰动一时的大规模开采寿山石的盛况也由兴转衰，最终停歇了下来。朱彝尊《寿山石歌》咏云："南渡以后长封缄"，直至明清才渐见复苏。

图016　宋徽宗赵佶画像

三、宋代寿山石雕艺术大发展

北宋结束五代时期的封建割据和政治混乱的局面后，加强了中央集权制，使农业经济得以恢复发展，城市手工业和商业也呈现一派兴旺发达的景象。寿山石雕这一传统工艺美术在唐代建立起的良好根基上迅猛发展，从业工匠骤增，还出现专司为官府刻制贡品、礼品的作坊。高兆《观石录》云："宋时故有坑，官取造器"；"宋坑造器，民劳百之"。

在这个时期，寿山石雕刻技艺也益臻成熟，艺人们在继承晚唐雕塑传统的同时，充分发挥石材特质，逐步走向世俗化，创造出自成一格的寿山石雕刻艺术。作品题材丰富，用途广泛，除由官府监制进贡宫廷用作祭祀的礼器和御赏品外，还大量雕刻观赏品供贵族和富豪收藏、摆设、雅玩。此外，民间工匠还成批量生产各种随葬明器。

1．帝王雅好，寿山珉石进献朝廷

北宋历朝皇帝多有艺术嗜好，如仁宗、神宗、徽宗以及钦宗等都具很高的诗文、绘画造诣。特别是徽宗赵佶，他虽然在政治上是一位横征暴敛、穷奢极侈的昏庸之君，但精通书画，提倡风雅，称得上才艺出众的文人，还特别喜欢玩赏各地出产的奇珍异石，在位期间大量搜集江南花石，调动船队运至汴京供其享用。此劳民伤财之举，令百姓怨声载道，也惹来朝野非议，被称之为"花石纲"（在宋代，每十艘船编为"纲"，意指庞大的船队）。（图016）

宋时，归属于"珉"类的寿山石亦被列为宫廷贡品之列，其"五花石坑"挖掘的佳品，源源不断运载进京供皇帝赏玩。

珉，亦作"瑉"，古代泛指似玉的美石。《荀子·法行》："故虽有珉之雕雕，不若

图017 宋高宗赵构画像

玉之章章。"在《宋史》《玉海卷》中，常见"刻简以珉，铸宝以金"的记载。按宋代仪制，"珉"是宫廷制作册宝和礼神之器的重要材料。

例如：开宝元年（968）乾元殿受尊号册"国朝之制，百官三表或五表，请上尊号，命大臣撰册文及书册宝。其册中书省造，用珉玉简"；景祐元年（1034）立皇后曹氏，"命礼院详定册皇后仪制，礼院言：皇后玉册如太子制度用珉简五十……"；乾道元年（1165）立邓王为皇太子，礼官言："册用珉玉简六十枚，前后四枚刻龙填金丝，籍以锦褥，盛以漆匣，装以金华，锦以蟠首金，请用珉简七十五枚。"在北宋神宗（1068－1077）时，曾制定五冕服章："天子用玉，余皆珉石，略依其色，辨诸臣之等"；政和年间（1111－1117）议改礼神之圭、璋，"旧制惟用珉玉，并乞改用玉"等等。

靖康二年（1127）二月，汴京沦陷，北宋灭亡，徽宗、钦宗父子被俘，受尽屈辱，最终客死他乡，史称"靖康之难"。就在这年五月，仓皇出逃的康王赵构在应天府即帝位（高宗），重建赵宋王朝，改年号为"建炎"。（图017）

赵构字德基，是徽宗的第九子，自幼受父皇熏陶，喜好文艺，《宋史》称其："资性朗悟，博学强记，读书日诵千余言，挽弓至一石五斗"，甚得徽宗的宠爱，宣和三年（1121）封为康王。赵构即位之初，在金军袭击下疲于奔命，一路南撤，行宫也一迁再迁。至1131年初在越州（今浙江绍兴）才得以有喘息机会，改年号为"绍兴"。八年后（1138）定都临安（今浙江杭州），南宋政权始得稳定。

在这段流亡的日子里，高宗惶惶不可终日，为了保住摇摇欲坠的赵宋江山不致覆亡，期望着有朝一日能收复中原，重兴辉煌。于是热衷筑宗庙，建明堂，频繁祭祀天地社稷、上皇神灵，祈福寿，求安康。据不完全统计，在他当政35年间，大型祭祀不下数十次，单绍兴七年的祭事，见于记载者就有：四月筑太庙于建康，以临安府太庙为圣祖殿；七月，以旱祷于天地、宗庙、社稷；九月，朝献圣祖于常朝殿，合祭天地于明堂；十二月，祔徽宗皇帝、显肃皇后神主于太庙……

天子祭祀所用的礼器，自古制度严格，名目繁复，选料精良，制作讲究。高宗少时受徽宗的影响视寿山石为珍宝，因此在登基之后更钦定：将白色寿山冻石列为取代白玉御制礼器的首选材料，以表达他对神灵、祖先的敬畏，同时赋予福寿吉祥的寓意。

笔者于2006年春在香港中央图书馆查阅古籍时，发现《宋·会要辑稿》第十五册"礼十四"中，有这样一段记载："绍兴七年（1137）六月十九日诏：明堂大礼，合用玉爵，系是宗庙行礼使用，今来阙玉，权以石代之。可令知福州张致远收买寿山白石，依样制造，务在素朴。"另在《建炎以来系年要录》中还记有："宫庙当用玉爵十有五，以福州寿山白石代之（六月己酉降旨趣造）"，反映了当时宫廷制作寿山石礼器的情况。（图018）

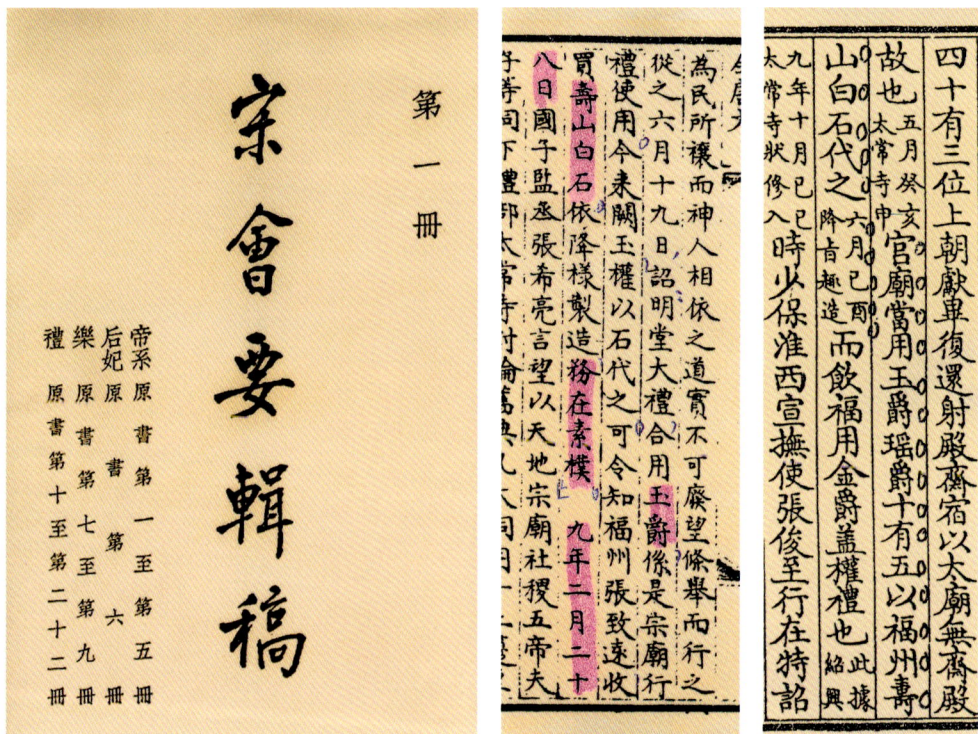

图018　《宋·会要辑稿》（左）、《建炎以来系年要录》（右）书影

以上是迄今所发现年代最早的关于寿山石的文史资料，它比过去学界认为"涉及寿山石文献最初见于淳熙《三山志》"的论断整整推前了半个世纪。从这两段文献记载，足以佐证寿山石在宋代帝王心目中的崇高地位。时任福州知府的张致远，以及继任的张俊，也都因奉旨开采寿山宝石进贡朝廷有功而得宠，屡获迁升。张俊死后还被追封为"循王"。对于福建，高宗皇帝也格外开恩，在供银、赋役上给予适当减免。《宋史》中有"减闽中上供银三分之一""减福建贡茶岁额半"，以及"罢福建诸州枪仗手"之类记载。

2. 文人推崇，寿山石雕登堂入室

宋代士大夫多有吟诗戏墨的雅兴，由唐王维所创集诗、文、书、画于一体的"文人画"至宋风靡一时，在文人墨客的斋馆书房里常以古玩雅石作为摆设，称为"文玩"。这种风气的流行，推动了金石学的发展，追求韵致的品位和崇尚清雅的意境成了上流社会的一种时尚。更有一批自命清高的文人"鄙玉而重石"，如"苏轼供石""米芾拜石"被传为佳话。

在城市经济、贸易空前繁荣，手工技艺高速发展的福州，寿山石雕行业无论在规模还是在水准上都是亘古未有的，石雕店肆星布街巷，雕制各种精美别致的艺品供藏家鉴购玩赏。雕刻匠师们在融合闽越艺术特质和中原文化精华的同时，借鉴当时宫廷"玉院"巧妙利用玉料自然色泽创作"巧色玉"的技艺，纯熟精致地雕琢各种小巧玲珑富有浓郁地方色彩的独特艺术品，受到官宦富豪、文人雅士的热捧，将寿山石雕艺术发展到一个崭新的阶段。

由于历史久远，传世的宋代寿山石雕珍玩品现今已经很难找到踪影，所幸的是在20世纪末期，对宋代寿山石雕考古挖掘有了新的突破。

1998年，福建省博物馆和福州市考古队联合在位于福州冶山之麓的省财政厅工地挖掘两汉时期闽越国宫殿遗址时，于第二层——宋元文化遗迹中出土一尊寿山石观音雕像。这件迄今唯一有年代可考的宋代寿山石雕观赏品，质料为半透明肉黄色，疑似高山矿脉所出冻石。

作品高12厘米，宽5.5厘米，厚2.3厘米。观音菩萨头戴天冠，右脚屈立，左脚结半跏趺坐，作轮王座式。右手执一串佛珠，肘靠膝上，左手垂放左盘腿后。肩披缠枝，胸佩璎珞，衣纹流畅，服饰华美，慈眉善目，仪容端庄，令观者肃然起敬，充分显示出匠师的高超水平，代表了宋代寿山石雕的艺术成就。（图019、图020）

图019

图020

图019　福州冶山麓古代文化遗址挖掘现场

图020　观音坐像　寿山冻石　福州冶山宋
代文化遗址出土　福州市博物馆藏

　　南宋时寿山石雕艺术还应用于花灯的装饰上，据周密《武林旧事》卷二记载，京都临安每年元宵佳节之际，全国各地都精制各式富有地方特色的精美花灯进贡宫廷，供帝王观赏。其中特别提到："福州所进，则纯用白玉，晃耀夺目，如清冰玉壶，爽澈心目……"这里所说"纯用白玉"制作的花灯，据专家考证即是采用福州出产"洁净如玉、柔而易攻"的白色寿山冻石为原料，切成薄片，经雕刻浮雕或镂空雕图案后，再镶嵌组合而成的灯具。当这类花灯点燃蜡烛后，亮光透过肌理莹然的寿山石，闪烁出来的奇光异彩，分外耀眼夺目，从而博得皇上的欢心。（参见中国新闻社《稿件选辑》，1964.3，《花灯小史》）

3．民间习俗，寿山石俑随葬成风

　　中国古代墓俑雕塑艺术发展到两宋，总体而言开始出现衰落的趋势，陵墓中随葬的雕刻品不但数量锐减，而且制作简单粗糙，故考古界有"宋代无俑"之说。考宋墓少见俑器的主要原因有二：其一是国家动乱，致使盛唐时期厚葬之风得不到延续；其二是受社会"节俭"风习的影响，许多地方改用纸扎冥器送葬。宋赵彦卫《云麓漫钞》说："古之明器……今多以纸为之，谓之冥器。"

　　恰与各地"少俑"的状况相反，作为沿海重要港口都会的福州，由于城市经济高速发展，工商贸易空前繁荣，在这样特殊的历史地理背景下，却依然能够传承发扬盛唐厚葬定例。特别宋时正值寿山石的开采、雕刻和收藏步入旺盛时期，王公权贵、豪门士族生前喜好玩赏寿山石，死后丧家也选用寿山石制俑随葬，并以此来炫耀墓主的地位与身份。甚至，还将死者生前珍藏的寿山石艺品也随同入葬，将它带往"阴曹地府"继续享用。这种迥然不同的埋葬风俗，反映出福州地域文化的又一特色。

　　半个多世纪以来，在福州市区以及闽侯、连江、建瓯、邵武和尤溪等地的宋代贵族陵墓中，发掘出数以千计内容丰富、形态多姿、雕制精美、风格独特的寿山石俑，为研究寿山石雕历史和宋代墓俑艺术提供了珍贵的实物资料。例如：

1959年，在福州洪塘怀安观音亭一座墓碑刻有"古宋御辇王公墓"的墓葬中出土寿山石俑46件（其中人俑40件，兽俑6件），大部分已经残损，完整者仅7件。人俑高约20厘米，兽俑高约10厘米，宽在18厘米左右。

1962年，在福州洪山桥宋墓出土石俑20余件。

1965年，在福州东郊登云水库工地发掘北宋宣和五年（1123）砖墓一座，出土一批寿山石人物俑、动物俑以及神异、器具等题材的石雕小品。

1966年，在福州东郊金鸡山发掘南宋嘉定元年（1208）贵族墓一座，出土寿山石俑100多件，阵容庞大，排列有序，大者高达35.6厘米，小者不及4厘米。类型丰富，形象逼真，有文官、武士、侍役、艺伎、动物以及神兽等等，构成一组场面壮观的石俑群。

1972年，在福州西园村兴利山发掘南宋绍兴二十七年（1157）砖墓一座，出土一批寿山石雕刻品，内容包括人物、虎、雀、玄武、蛟龙以及石伞、石牌等。其中一件坐式人物，右手按膝，低首作沉思状，甚为精妙传神。

1980年，在福州西门文林山宋墓出土寿山石俑50多件。

除以上见于发掘报告外，尚有明确纪年的宋墓，如：西郊的嘉定二年（1209）；西门的嘉定十五年（1222）、宝祐五年（1257）；斗池山的绍定二年（1229）以及猫头山的绍定四年（1231）等等。从以上资料可知墓葬的年代始于北宋，延至南宋更加流行，然而对于墓主的具体身份则大多不得而知。

21世纪初，在福州闽侯县旗山麓北宋古刹"石松寺"（原名"灵凤寺"，始建于大中祥符三年）的左侧山腰，发现一座保存较为完好的砖墓，墓道分立石人、石马，墓碑分别刻"宋通议大夫提刑林公墓"和"宋诰封硕人江氏蒲氏墓"。后因万佛寺兴建"般若堂"需要，将该合葬墓移到数百米处的"地藏殿"旁。在迁墓过程中，发现墓室里整齐排列寿山石俑数十件，其中文、武立俑的造型特征和工艺表现手法，都与立在陵墓前的石雕翁仲人像极相近似，反映出宋时闽省雕塑的艺术风采。（图021～图024）

经查南屿水西林氏宗祠记载，该墓葬的主人名林士衡，字商卿，号仰齐，福建侯官县（今福州闽侯县）南屿镇水西人，生于南宋绍兴二十三年（1153），少时好学不倦，才华出众，淳熙十一年（1184）进士。历官广西东路提刑、本部转运使、擢七省经略使、晋户部权侍郎等职，赠通议大夫。卒于嘉定十一年（1218），享年六十有五，与夫人汪氏、蒲氏合葬。这是历年发掘寿山石俑宋墓中罕有的一座可考墓主身份的坟墓，对研究宋代随葬制度和雕刻艺术风格具有一定的学术价值。

宋代寿山石俑表现题材十分广泛，大致可分为人物俑、动物俑和灵异神兽俑三个大类，常见者有：

人物俑类——包括文吏、武士、侍役和神仙等社会不同阶层的人物和神话传说中的仙人。文吏多为正面立像，按爵位高低着装，或头戴幞头，或头戴帽冠，身穿圆领宽袖袍服，有的还双手捧朝笏，恭谨肃立，相貌温文敦厚，仪态端庄。武士头戴兜鍪，身披铠甲，手握刀剑，膀粗颐满，威风凛凛。侍役有男有女，有老有少，千姿百态，生动自然，恰到好处地刻画出不同身份的役仆神貌。男侍有戴幞头、裹皂巾和结发髻三种装束，作拱手听命、执持器物等各种姿态。女侍有的束发，有的戴帽，有的穿长袍，有的着衫裙，作执扇、提物或歌舞姿态。此外尚有仙人神像，大多与传说中掌管冥府的神祇有关。（图025～图028）

动物俑类——多取材于现实生活中与人类关系密切的家畜和飞禽走兽，如猪、羊、鸡、犬、龟、马、虎等，形象逼真，栩栩如生。（图029～图032）

灵异神兽俑类——塑造现实生活中并不存在，而富有神异色彩，寓意吉祥的奇禽怪兽。其形象多取两种或多种动物的某些部位特征，经过艺术加工而创造出来，相貌奇特怪异，别具韵趣。如代表四方神灵的青龙、白虎、朱雀、玄武，以及身躯如羊，头顶长一锐角，具

图021

图022

图023

图024

图025　执笏文吏俑　宋代　寿山石
　　　　福建博物院藏

图026　武士俑　宋代　寿山石
　　　　福州市晋安区文管办藏

图025　　　　　　　　　　　　　　　　　　图026

图027　抱盘侍俑　宋代　寿山石
　　　　福建博物院藏

图028　舞俑　宋代　寿山石
　　　　福建博物院藏

图027

图028

图029　鸡俑　宋代　寿山石　福建博物院藏

图030　狗俑　宋代　寿山石　福建博物院藏

图031　马俑　宋代　寿山石　福建博物院藏

图032　虎俑　宋代　寿山石　福建博物院藏

图029

图030

图031

图032

"中耿正直、能辨邪正"名为"獬豸"的神羊等等。（图033～图036）

尚有一种刻画人首蛇身、人首鱼身，或盘缠而立，或背负山岩，反映远古闽越人将蛇、鱼作为独具特色的神灵来崇拜的传统。（图037、图038）

除上述种种石俑外，在一些宋墓中还发现人物、动物、器具之类小型精致的寿山石雕刻品，疑是随葬的墓主生前玩赏品。（图039）

综观宋代寿山石俑的材质，绝大部分为老岭石和猴柴磹石，不透明或微透明，质稍松软，色多灰绿，纹理细密。这类叶蜡石多产于矿脉表层，资源丰富，开采容易，价格低廉，矿块巨大，十分适合成批量刻制明器。同时，在个别贵族墓中也偶有出土质地温润通灵的高山冻石俑器，但数量极少。

宋代寿山石俑的制作，人物多在切割成菱形的石坯上进行雕刻，动物则取前后略呈平面的石块施刀，规格统一，雕工简略，以立体圆雕为主，局部掺以镂空技法。人物衣纹和动物鳞甲多采取阴刻平行弧线或菱格、方格处理手法，洗练而规整，刀法娴熟，具素朴之美。有些石俑的底部和手指间还钻有小圆孔，可能是用于固定底座和插物。从这些具有鲜明时代风格和地方色彩的石俑中，可以推断宋时的寿山石俑是通过作坊形式进行大批量生产，并经专业的店肆销售。不但产量充足，品种丰富，交易活跃，而且延续生产的时间也相当漫长，已初步形成一个独立的工艺行业。

四、宋代寿山石文化的勃兴

两宋时期的福州，经济繁荣，文化昌盛，涌现出无数出类拔萃的人才。被誉为宋东南三贤之一的吕祖谦《登郡城》诗云："路逢十客九青衿，半是同胞旧弟兄。最忆市桥灯火静，苍南巷北读书声。"形象地描绘出当时福州学风高扬，士子如云的情景。其中有在福州生活

图033　青龙俑　宋代　寿山石　福建博物院藏

图034　朱雀俑　宋代　寿山石　福建博物院藏

图033

图034

图035　玄武俑　宋代　寿山石　福建博物院藏

图036　獬豸俑　宋代　寿山石　福建博物院藏

图037　人首蛇身俑　宋代　寿山石
　　　　福州市博物馆藏

图038　人首鱼身俑　宋代　寿山石
　　　　福建博物院藏

图039　石伞（左）、石牌（右）宋代　寿山石
　　　　福建博物院藏

图037

图039

图038

和任职的名流学者，如蔡襄、曾巩、张伯玉、程师孟，也有在北宋号称"海滨四先生"的本土学者周希孟、陈襄、陈烈和郑穆，他们提倡经学于闽中，成为开创"闽学"的先驱。在此，特别值得一提的是为寿山石文化的勃兴作出巨大贡献的朱熹、黄榦和梁克家。

朱熹（1130－1200），字元晦、仲晦，号晦庵、云谷老人，又称紫阳。祖籍徽州婺源（今属江西省），生于福建尤溪，侨寓建阳。绍兴十八年（1148）进士，授左迪功郎，后任泉州同安县主簿，是一位卓越的思想家、集儒家思想之大成的理学家。他一生中多次来过福州，而留居时间较长的是在庆元年间，为避伪学禁在福州、闽侯、长乐等地隐居传道，留下许多生活和讲学的遗迹，在此期间曾经在福州北郊长箕岭后（今属寿山乡）择地结庐讲学，促进教育，培养人才，一时引来众多学子，世称"贤场"。明王应山《闽都记》载："朱熹避地讲学于侯官县（今福州市）长箕岭贤场"；清林枫《榕城考古略》说："（贤场）在长箕岭后，宋季禁伪学朱子辟地讲学于此。"后人为纪念他，遂取贤场墩为乡名，今前洋村即福州方言"贤场"的谐音，遵循祖训，村民"耕读为本"世代传承，蔚然成风。（图040、图041）

朱熹理学的重要传人黄榦（1152－1221），字直卿，号勉斋，祖籍福建长乐，徙迁闽县（今福州市）。少时家道清贫，志趣高远，拜学于朱熹门下，很得赏识，称赞他："志坚思苦，与之处甚有益"，对其十分器重，抱有很大的期望，遂将次女许配为妻。临终时授深衣及一生著作，诀别道："吾道之托在此，吾无憾矣！"朱熹逝世后，黄榦被闽学学者尊为理学的继承人，成为闽学学派的领袖人物。（图042）

庆元二年（1196）"伪学"之禁起，罢祠落职的朱熹仍讲学不辍，黄榦特意为恩师在建阳潭溪建"潭溪精舍"，作为讲道著书之地。翌年，丁母忧，黄榦奔丧返乡，在福州北郊长箕岭北侧庖牺谷，毗邻朱熹"贤场"处建造"高峰书院"，讲学传道，从者甚众。后于嘉定年间先后出任江西临川令、新淦令、安徽安丰军通判，知湖北汉阳军、知安庆府。晚年致

图040　朱熹画像

图041　寿山乡前洋村宋朱熹
　　　　"贤场"遗址

图042　黄榦画像

图040

图042

图041

图043　宋黄榦"高峰书院"遗址

仕，归隐"高峰书院"编札著书，孜孜不倦，仙逝后与其父御史瑀合葬于庖牺谷旁，因墓道石牌立于田中，后世便将附近村庄取名为"石牌村"。

近年福建省考古队对"高峰书院"这一宋代重要文化遗址进行发掘、修复，方圆约两千平方米，包括祠堂、讲堂、斋舍和藏书楼等建筑，颇具规模。据《勉斋先生黄文肃公文集》年谱载："先生躬相丘于北山庖牺，原结庐其旁，版曰：'高峰书院'。……其亭曰'求得正'，其阁曰'老益壮'，其轩曰'笑不答'，其泉曰'逝如斯'……"。黄榦墓经历代修葺，焕然一新，现已辟为"贤陵园"。（图043）

朱熹与黄榦的讲学处都建造在寿山乡南境的长箕岭，这里自五代始便是福州北上驿道交通要地，景色怡人。又有民间传说，远古时伏羲曾在此取象演"八卦"，故有"庖牺谷"之名。女娲氏用补天"五色石"散彩化成寿山灵石，远近扬名，更给这块风水宝地蒙上神秘的面纱。

黄榦早在年轻时就与寿山及寿山石结下很深的情缘。绍熙元年（1190）十月正当官府开采寿山石最盛之时，他与友人结伴登上长箕岭，观龙湫飞瀑，宿古刹赏石，一路探胜寻幽，遍游九峰、芙蓉、寿山诸峰，留下脍炙人口的《纪行十首》诗篇。其中，七绝诗《寿山》："石为文多招斧凿，寺因野烧转莹煌。世间荣辱不足较，日暮天寒山路长"便是他在寿山采石现场见到满目疮痍的矿山时有感而吟。诗中不但抒发了对天遭瑰宝寿山石的赞美和对惨遭牟利之徒斧凿的感叹，还反映出他"荣辱得失利害皆不足道，只要直截此心无愧无惧，方见得动静，语默然皆是道理"的荣辱观。这是历史上第一首吟咏寿山石的诗篇，至今仍在民间广为传诵。

在宋代的重要方志、文献里，也不乏涉及寿山石的记载，如现存福建最早、最完整的地方名志《三山志》中，有两处记述寿山石：

《三山志》卷之三"地理类三·叙县"载："怀安州——同乐乡（县北四十里），施化

图044 宋《三山志》
作者梁克家画像（左）
及书影（右）

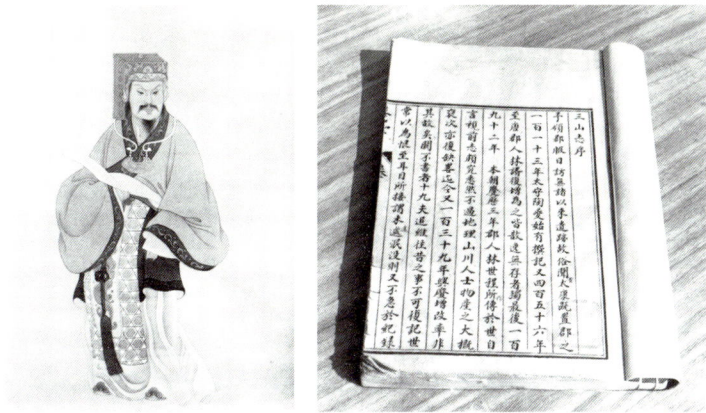

里、兴城里（二里界古田、闽县、罗源）。龙迹石、寿山石。"

又于卷三十八"寺观类六·僧寺"一节中记之更详："怀安县——寿山石，洁净如玉，大者可一二尺，柔而易攻，盖珉类也。五花石坑，相距十数里，红者、绀者、紫者、髹者，唯艾绿者难得。止若登山祝罅凿之，仅容身，乃侧肩入，尽柿而后见竟不慎终（穷取令益深远矣）。"

《三山志》编纂者梁克家（1128－1187），字叔子，福建晋江（今泉州市）人，南宋绍兴三十年（1160）状元。历官端明殿学士、参知政事，乾道八年（1172）升右丞相，兼枢密使，封仪国公，卒谥文靖。他在淳熙年间曾两度知福州，于公余搜罗文献，访求遗迹编成《三山志》40卷，分为地理、公廨、人物和僧寺等9大类，涉及区域包括福州及所辖12个县份，以采摭丰富、体例详备、资料翔实、文笔流畅，为历史学家所称道。清《四库全书总目提要》评："其志主于记录掌故，而不在夸耀乡贤、侈陈名胜，固亦核实之道，自成总乘之一体，未可以常例绳也。其所纪十国之事，多有史籍所遗者，亦足资考证。"《福建通志》称其："考究福建省会事故者，要必以是者称首选焉。"（图044）

宋理宗（1225－1264）年间，祝穆在编纂《方舆胜览》这部南宋地理总志时，将寿山石与荔枝、素馨、茉莉、海盐并列为福州土特产加以介绍。

祝穆初名丙，字伯和、和甫，原籍安徽歙县，其先世迁居福建建阳，遂称建安人。幼时受业朱熹，深得理学奥旨，以儒学名于世。曾遍旅吴、越、荆、楚等地，饱览山川名胜，了解风土人情。晚年隐居建阳麻沙，建屋名"南溪樟隐"，自号樟隐先生。著有《方舆胜览》《性理大全》和《事文类聚》等。嘉定新安吕千为《方舆胜览》写序文，称"其词简而畅，事备而核"。清郑杰《闽中录》评："所收古今诗文甚夥，纂事实为丽。"

两宋期间，寿山寺院的香火更旺，从至今留存的宋时遗迹里，当年盛况可见一斑。如与朱熹、黄干隐居讲学处相距仅里许的林阳寺斋堂内四块石柱础上镌有宋遗刻"女弟子某氏某

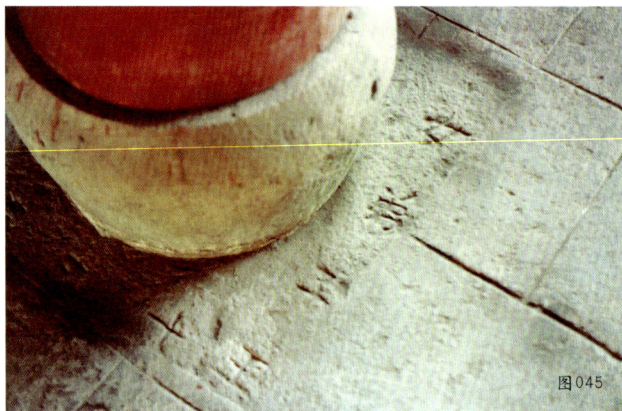

图045　林阳寺斋堂石柱础宋代遗刻

图045

娘舍"（图045）；另据文献记载，在黄榦"高峰书院"旁，宋时还建有一座名为"华峰寺"的禅院，寺额为朱熹所书。

九峰镇国禅院在宋徽宗宣和五年（1123），寺庙重建并扩大规模，朝廷赐普光禅师以紫衣，集千人在此传教，成丛林福地一时之冠。如今大殿墙壁尚留存一块宣和五年石板，上面铭刻"宋皇癸卯宣和五年，上元起手凿山理地，其高二十五尺，深八丈，架三十余间，用银一万四千余两。住持嗣祖普光大师希照题记（图008）。"

在九峰镇国寺附近一处高2米的巨石上，留有宋淳熙丁未（1187）的摩崖石刻《九峰山桐庐记》，记述绍兴年间九峰寺监院在桐庐下种桐成林。"地日益辟，树日益茂"，并在这里修建一座房屋，供观者小憩，故取名"桐庐"。当年盛况可见一斑。（图046）

建于唐代的"芙蓉院"，北宋时扩建并改名"兴国禅院"，寺后深山密林中有一天然岩洞，名"灵洞岩"。洞口高数十丈，萦纡十数里，危岩互锁，乍狭乍阔，十分险要。相传五代时义存禅师曾于岩洞深处辟"开山堂"，在此讲经说法，可容纳僧众百余，并遗有石床、石鼓及石盆等物。至宋代，授紫衣僧师贤舍钱铺路，开发"灵洞岩"古迹胜景，并在洞左里许岩壁题刻"赐紫衣，僧师贤……舍铺岩前路二百丈"，从而远近闻名，引众多文人墨客前来游览，留下赞美的游记和诗篇。宋大儒黄榦《登灵洞岩》歌云："寒岩突兀山之阿，足履危磴攀藤萝。岩下清泉响环佩，岩前古木交枝柯。当中洞门忽开豁，上有石屋高嵯峨。乾坤开辟已呈露，鬼神守护频挥呵。重门黯淡不可少，以火来照所见多。出门小洞亦奇绝，神龙奋怒吞蛟鼍。胜景如此难重过，手倚石壁频摩挲。安得雄思如悬河，长吟大咏复高歌。"（图047）

正是在众多文儒名流的积极参与和推动之下，才使得"寿山石"这一灵石瑰宝提升为充满地域特色的文化现象，并通过宗教活动等渠道，迅速传播各地，风盛一时。

图046　九峰寺旁的宋《九峰桐庐记》摩崖石刻

图047　寿山芙蓉峰灵洞岩外景

图046

图047

五、元代寿山石雕艺术特色

　　元代初期，民族矛盾尖锐，在蒙古贵族政权分而治之的民族歧视政策统治下，福建人被列为"南人"，社会地位低微。同时，蒙古贵族尚武轻文，鄙视士人，令不少文人不愿出仕为官，以遗民自居，隐逸山林避世。为发泄胸中的愤慨与不平，常常借笔墨吟诗作画以寄情，玩赏寿山石也成了他们陶冶情操，追求"性灵"的精神寄托，甚至还乐于亲自操刀在寿山石面刻画兰竹花卉、山川景色及诗词书法以自娱。这类作品大都潇洒超脱，蕴含风雅逸致的韵趣，富有"书卷气"。

　　1930年1月《东方杂志》第27卷第二号"中国美术号"卷首刊载一件题为《曙光》的寿山石雕，作品上署有"如日之升"款，下具"汪洙"二字小印。孙壮撰文评道："刀法高古，皴法雅洁，布置深邃，石质温润。树林茂密，前后山路径崎岖，有屋有亭，一茶博士伫立，诗客一人驱三驮登山，二人对立舟中作问讯状，朝日自山后出。"并鉴定此石雕"当在

图048　元末明初寿山石雕《曙光》（原载1930年《东方杂志》第27卷）

明以前之作"。从这件出自文人之手，有别于民间雕刻的寿山石山子里，可以品味到作者避世脱俗的诗情画意。（图048）

至元末，书画家采用质地松软的花乳石刻制印章钤盖在书画作品上，开创中国篆刻史上的"石章时代"。此时，寿山石更以"洁净如玉，柔而易攻"，兼备各种宝彩石丽质的特性，备受金石篆刻家的赏识。

许多论印著述都认为：青田、寿山、昌化等石，自元人王冕创始利用。明郎瑛《七修类稿》云："图书古人皆以铜铸，至元末会稽王冕以花乳石刻之。"王冕（1287－1359），字元章，号煮石山农，诸暨（今属浙江省）人。出身农村，家境贫寒，从小勤读诗书，自学成才，是元末著名画家、诗人、兼精篆刻。相传他发现一种名叫"花乳石"的石材，质地细腻而易于奏刀，遂取作印材，以代替铜、玉之类硬质印章，自此石质印章便逐渐流行于世。（图049）

元代疆域的扩张，地跨欧亚，幅员辽阔，客观上促进了各民族之间的交融。早在宋代就成为我国对外贸易重要港口的福建，元军入闽后亦恢复市舶司机构，"凡江、浙、闽、粤滨海之地与外番互市，以市舶官主之"。此时的福州，尽管在政治上受到统治者的压迫与摧残，但在海上航运贸易方面却有较大的发展。元代意大利旅行家马可·波罗在他的《游记》中描写在福州所见时说："这城的一边有一条一迈耳宽的大河，河上有一座美丽的桥，建筑在木筏上面，横跨河上，许多船只行在河上。……珍珠、宝玉的商业很盛，这是因为有许多船只从印度载着商人来到这里。"各国商贾云集福州，在进行贸易的同时，西洋艺术也随之传入，并在不同程度上对传统的寿山石雕产生一定的影响，在表现技法上汲取海外雕塑养分，出现新的变革，开启了明清时代的新面貌。

元代福州地区仍然延续两宋使用寿山石俑随葬的习俗，虽数量有所减少，但技艺有一定的进步。20世纪后期，在福州市新店镇西陇村胭脂山和斗顶山等处元墓出土一批寿山石俑，

图049　王冕画像

寿山石历史掌故 ◎ 宋元时期

41

内容丰富，刻画精细。

　　人物俑中，武士正立，带盔按剑，极其威武（图050）；文吏头戴冠，身着长袍，双手拱胸站立（图051）；侍役俑或奉馔，或托靴，神态毕肖（图052）；说唱俑结双鬟着长衫，双手置胸前作表演姿态，一副栩栩如生的女伶形象（图053）；还在一墓室朝北正中发现一件寿山石坐俑，高14厘米，宽10.2厘米，是所见元俑中较大的一尊，体态肥胖，圆脸留发，正面盘坐，双手作执物状，但无具体物件，仅在拇指与食指间钻一圆孔，可能用于插香之用（图054）。在同墓的墓门位置还摆放一拜俑，头朝墓主，手持牙笏，跪拜匍地，表情虔诚，但衣帽却为宋式着装，造型十分奇特。（图055）

　　动物俑中除常见的猪、虎、鹿（图056）和四灵外，尚有麒麟、天马、苍龙和凤凰等神兽。麒麟是传说中的一种"仁兽"，龙首鹿角，遍体鳞甲（图057）；天马又称"翼马"，在汉唐时帝王宫殿及陵园有放置石雕"翼马"之制，后渐传向民间。元俑"天马"身躯雄壮，肩膀添翼作欲腾飞姿态；"龙"为中华民族古老的神物，其形象综合各类动物特征经过艺术加工而成，亦随着时代发展而不断变化，元俑苍龙传承宋时初步形成的造型特征，又加以进一步演化，为后来明清定型现代龙的形象起到承前启后的作用（图058）；"凤"为神鸟，有"百鸟之王"的称誉，是祥瑞的象征。元墓出土的凤俑，冠羽及长尾呈卷曲状，瑰丽奇谲，绚烂浪漫，富有图案装饰艺术效果。

　　从这些寿山石俑中，不难看出元代寿山石雕艺术开始改变两宋时期技法单调、重复制作的形式，刻画人物能充分表现不同地位身份的特定形态，形神兼备，雕刻动物融合大型雕塑表现手法，线条流畅，生动写实，突出特征，刻画细腻，具有浓厚的生活气息。同时，石雕作品都经过精细的修饰、磨光工序，较宋代以平面阴纹线刻为主的雕饰有明显的区别，形成鲜明的时代特征。

图050　武士俑　元代　寿山石
1995年福州新店西陇村胭脂山出土
福州市博物馆藏

图051　文吏俑　元代　寿山石
1995年福州新店斗顶山出土
福州市晋安区文管办藏

图052　侍役俑　元代　寿山石
1995年福州新店西陇村胭脂山出土
福州市博物馆藏

图053　女舞俑　元代　寿山石
1995年福州新店斗顶山出土
福州市晋安区文管办藏

图050　　图051　　图052　　图053

图054

图054　坐俑　元代　寿山石
1995年福州新店西陇村胭脂山出土
福州市博物馆藏

图055

图055　跪拜俑　元代　寿山石
1995年福州新店西陇村胭脂山出土
福州市博物馆藏

图056
鹿俑　元代　寿山石
1995年福州新店西陇村胭脂山出土
福州市博物馆藏

图056

图057
麒麟俑　元代　寿山石
福州市博物馆藏

图057

图058
龙俑　元代　寿山石
福州市博物馆藏

图058

明清时期（1368—1911）

一、社会概况

元代后期农民起义此起彼伏，贫苦农民出身的起义军领袖朱元璋于公元1368年扫除南方割据后，长驱北上，推翻元朝统治，建立明王朝，定都应天（今江苏南京），年号洪武。

明初期，封建的中央集权和专制统治空前加强，统治者采取了有利于农业和手工业发展的调整措施，废除元时手工匠人被终身禁锢官府充当"工奴"的徭役制度，促使生产水平超过前代。同时，恢复唐宋旧制，弘扬中华传统文化。中叶以后，在繁荣的城镇中开始出现资本主义萌芽。

濒临东海的福州，自汉唐以来就是我国对外贸易的重要港口，在明代进入鼎盛时期。从永乐三年（1405）到宣德八年（1433）短短29年间，郑和率领船队七次出使西洋，都在闽江口停泊补给，扬帆出海，促进了福州对外经济文化的交流与发展。

自从成化八年（1472）作为中国官方对外贸易管理机构的市舶司迁驻福州以后，这里更出现了"华夷杂处，商贾云集"的繁荣场面。此时的工艺美术也在社会中资本主义萌芽的影响下迅猛发展，审美趣味受到商品生产、市场价值的制约，产品除供宫廷和贵族享用外，还经海路出口，技巧进步，风格富丽。

明末政治腐朽，宦官干政，社会矛盾尖锐，加上年年天灾饥荒，终于引发了各地农民起义。当此明王朝日益衰弱之时，满族在东北地区迅速强盛壮大。崇祯十七年（1644），李自成领导的农民起义军向明王朝发动总攻，崇祯帝朱由检走投无路上吊身亡，从而结束了276年的"朱明"统治。

刚刚建立的农民政权，由于领导层被胜利冲昏了头脑，加上镇守在山海关的明将领吴三桂降清，在吴军和清军的夹攻之下，李自成部全线溃败。顺治元年（1644），满清统治者将国都由沈阳迁到北京，取代朱明王朝建立了中国历史上最后的封建王朝——清朝。

清统治者入主中原后，继续镇压各地抗清斗争。顺治三年（1646），清军入闽消灭南明唐王朝（朱聿键）政权，此后民族英雄郑成功仍坚守闽海诸岛屿坚持抵抗，并收复被荷兰殖民者盘踞达32年之久的台湾岛，作为反清复明基地。清政府为对付闽中反清势力，于顺治十八年（1661）在福建实行残暴的"围海""迁界"措施，强迫沿海居民迁移内地，禁止船只出海捕鱼，造成村庄田宅焚弃，社会经济遭受严重破坏。至康熙二十二年（1683），清廷派兵统一台湾后，设台湾府隶属福建省管辖，东南沿海始得安定，经济文化长足发展。

清代前期，统治者在采取一系列加强国家统一的措施同时，努力促进民族间的经济文化交流。尤其康熙皇帝玄烨亲政以后，重视汉族传统文化，不但吸收汉族士人入朝为官，自己也用心攻读儒家经典，开创了康、雍、乾三朝太平盛世的局面。在这一时期，文化艺术取得了非凡的成就，世俗美术十分发达，富有生活气息的工艺小品和殿堂建筑装饰也有很大的发展。并且由民间逐渐走入宫廷，风格趋向繁缛华丽，纤巧绚烂，迎合帝王权贵、地主富豪的需要。

在中国长达两千年的封建制度历史中，明清两代处于渐趋衰落的时期。特别是在乾隆以后，清政府腐败无能，闭关自守，终于道光二十年（1840）爆发鸦片战争，外国资本主义势力用大炮轰开了中国的大门，从此国家沦为半殖民地半封建社会。

道光二十二年（1842），清政府和英国侵略者签订丧权辱国的《中英南京条约》，开放广州、厦门、福州、宁波、上海等五个通商口岸。接着在外国的军事胁迫下，又与欧美资本主义国家订立种种不平等条约，使中国丧失了独立的地位，社会内部也开始发生急剧的变化。

鸦片输入、洋货倾销、外国侵略者在中国横行霸道，激起了声势浩大的太平天国革命。咸丰三年（1853），太平军占领南京，清王朝处于摇摇欲坠之际，英法侵略者对我国发动了第二次鸦片战争。在这场断断续续的四年（1856－1860）战争中，清政府又与英、法、俄及其他西方资本主义国家签订卖国条约，进而中外反动势力互相勾结，联合镇压太平天国革命。

第二次鸦片战争后，资本主义列强不断深入经济侵略，致使中国自给自足的自然经济逐步解体，资本主义近代工业开始出现。在各阶层人民反帝反封建斗争日益高涨的形势下，资产阶级民主革命运动迅速发展起来。

1905年，孙中山在日本东京成立同盟会，提出"驱除鞑虏，恢复中华，建立民国，平均地权"的纲领。宣统三年（1911），革命党发动武昌起义，各省纷纷响应。翌年二月，清廷发布皇帝退位诏书，清王朝宣告覆灭。

二、明清帝王宝玺和御用艺品

1. 明代皇帝寿山石宝玺

印章，作为信用的标记，早在春秋战国时期就已经流行于世。在封建社会中，皇帝的印章称为"宝玺"，是国家最高权力的象征。汉卫宏《汉官旧仪》载："秦以来，天子独称玺，又以玉，群臣莫敢用也。"延至唐代，武则天掌权时，"恶玺字，改为宝"，唐中宗即位后，又改"宝"为"玺"，到了玄宗，复将皇帝御用玺文改刻为"宝"字。经此反复变更，后世历代王朝的御玺多称"宝"。

封建统治者对皇玺及官印的材料、纽式、尺寸、印文，乃至保管、钤用等，都制定有一套严格的制度。明代继承和发展了宋元时期的皇帝宝玺制度，在太祖朱元璋洪武年间，陆续刻制御宝十七方。嘉靖时因十七宝大部分毁于火灾，经补制新添，尚宝司掌管的御宝总数增至二十四方，"其文不同，各有所用"，遂成定制。此外，各朝皇帝还根据自己的喜好，刻

图059
"皇帝之宝"瑞兽纽方形玺　明代　寿山石
4.8cm×3.8cm×3.8cm
北京故宫博物院藏

图060
"御前之宝"螭纽方形玺　明代　寿山石
3.2cm×4.3cm×4.3cm
北京故宫博物院藏

制了一定数量具有特殊征信功能的专用宝玺，以及各种闲章。可惜由于在政权更迭之际，宫中大部分国宝御玺遭到战火焚毁，遗存者寥寥无几。

在故宫博物院所编的《明清帝后宝玺》一书中，共收录馆藏明代宝玺六十五方，其中材质为寿山石者三十七方，占总数的一半以上。这些难得的实物资料，足以佐证寿山石在明时已经成为制作皇帝宝玺的重要材料。这批现存年代最早的寿山石玺印，对于研究明代寿山石纽雕艺术具有特殊的意义，故弥足珍贵。

在明代早期，民间采用寿山石制作印章尚处初创阶段，没有形成风尚，亦不见宫廷用于制玺的文字记载。据专家考证，上述明代寿山石宝玺的年代，基本可以断定为明中叶成化年间（1465－1487）或以后。若以玺文的内容和使用功能来划分，除与二十四宝同名的两方宝玺外，还有宫殿名玺，以及吉语、格言、诗词和图形等类型的各种闲章，内容丰富，形式多样，从中不同程度地反映出帝王的思想情趣和性格爱好。

北京故宫博物院珍藏的明代寿山石质宝玺中，"皇帝之宝"和"御前之宝"两方玺文与文献记载中的明二十四宝相同："皇帝之宝"方形玺，高4.8厘米，印面3.8厘米见方，瑞兽

图061
"清宁宫图书"双狮纽方形玺　明代　寿山石
4.4cm×4.1cm×4.1cm
北京故宫博物院藏

图062
"亲贤保国"盘龙纽方形玺　明代　寿山石
4.6cm×4.9cm×4.9cm
北京故宫博物院藏

纽；"御前之宝"方形玺，高3.2厘米，印面4.3厘米见方，螭纽。（图059、图060）

图061

据《明史》载："若诏与敕，则用'皇帝之宝'。"郎瑛《七修类稿》亦云："'皇帝之宝'，圣旨用之。"另据《明史》及《明宫史》等文献记载："'御前之宝'图书，文史用之，宫中库藏箱锁用。"明余继登在《典故纪闻》中说："成化时，宪宗向亲臣发密旨，即使用'御前之宝'封示。"由此可知两玺在二十四宝中的重要地位。

郭福祥《明清帝后玺印》一书中，认为寿山石"皇帝之宝"和"御前之宝""尽管不是明代二十四宝的原印，但其文却与'二十四宝'中的相关宝玺相同，其使用当具有特殊性"。

《明清帝后宝玺》收录寿山石质明宫殿名玺三方，玺文分别为："文华殿宝""乾清宫封记"和"清宁宫图书"。文华殿是皇帝经常驾临的便殿，又用作讲官进讲之所。乾清宫系皇帝的寝宫，并在此处理日常政务。据文献记载，明代清宁宫于弘治十一年（1498）毁于火，至嘉靖十五年（1536）重建后更名为慈庆宫。由此可知，作为清宁宫标志的"清宁宫图书"玺印的制作时间当在弘治之前。（图061）

图062

明代皇帝闲章中，大量刻有寓意吉祥的词句格言玺文或各种图形。《明清帝后宝玺》收录这类寿山石玺印计十六方，内容有"文德武功""天潢演派""亲贤保国"（图062）"协和万邦""万国来朝"等警语颂词。甚至还有镌刻长达28字的七言绝句诗

图063

"阿弥陀佛"双羊纽图形方玺　明代　寿山石

5.4cm×3.3cm×3.3cm

北京故宫博物院藏

图064

"持国天王"盘螭纽图形方玺　明代　寿山石

4.3cm×3.6cm×3.6cm

北京故宫博物院藏

图063

文，如"至治熙和宇宙清""圣经贤传五车余"等等。此外，尚有阳文线刻"双龙捧寿""六合归仁""万里江山"和"羚羊神兽"等各种图形的玺印。

　　明代皇帝多尊佛崇道，从故宫收藏的寿山石道释文字、图形玺中，可以了解到统治者利用宗教为巩固政权服务的情况。这类玺印也有用于宫中进行法事活动的道教玺，如"紫极真仙之宝"、"丹符验记"等。也有镌刻阿弥陀佛、不动佛、弥勒、菩萨，以及持国天王、罗汉尊者等佛教图像的。（图063、图064）

　　明代御用寿山石宝玺所选用的石材，其外观特征多为质地细密，富有滑腻感的叶蜡石或高岭石，色泽有棕黄、灰绿和青紫数种。初步断定属于寿山柳岭矿脉及邻近之柳坪尖矿脉一带出产的印石。该处矿床分布面积宽广，蕴量颇丰，且矿床大量赋存于地表，早在两宋已经大行开发，明时应是在前代基础上的延续。

　　这些宝玺的尺寸规格，除"天潢演派"（图065）高7.8厘米，印面9.8厘米见方，体积较大外，其他玺面均在3厘米～4厘米之间。玺面形状以正方形为主，个别为长方形或扁方形。玺体大都矮扁，近似汉印，玺顶纽饰以螭、龙、狮等瑞兽最常见，其他尚有象、驼、羊之类吉祥动物，以及仙佛人物、法轮祥云等宗教内容，题材十分广泛。雕制雄浑古朴、简洁明快，富有神韵，其风格与明代其他石质御玺的纽式基本一致，多依玺印顶端石材的自然形态而巧施雕琢。也有个别纽式则追摹秦汉玉玺、铜印之制。

图064

图065 "天潢演派"蹲龙纽方形玺 明代
寿山石 7.8cm×9.8cm×9.8cm
北京故宫博物院藏

图066
"圣经贤传五车余"七言绝句人物纽方形玺
明代 寿山石
6.1cm×4.4cm×4.4cm
北京故宫博物院藏

图067
"玄都万寿之宝"浮雕人物纽方形玺 明代 寿山石
3cm×5.5cm×5.5cm
北京故宫博物院藏

图066

　　特别值得一提的是，有一些玺纽的取材刻意与玺文的内容含义相对应。如"至治熙和宇宙清"诗玺，篆文七绝诗一首："至治熙和宇宙清，梯舵重还贺升平。奇珍异宝彤庭贡，一统江山属大明。"计28字。玺纽雕刻一个背负珍兽的番人，作朝贡献宝状；"圣经贤传五车余"诗玺，篆文七绝诗一首："圣经贤传五车余，治世安民赖此书。收拾腹中闲坦坐，一轮红日在空虚。"计28字。玺纽雕刻一个袒胸的老者倚书而坐（图066）。两玺的文与纽意境契合，交相辉映，相得益彰，显然是根据玺文的诗意而创作纽雕。另"玄都万寿之宝"方玺，寓意"升天得道，寿年绵延"，玺纽则以高浮雕技法刻制道教三清像。（图067）

　　其他如"善及四方"御押玺，纽作一朵瑞云图案；"羚羊"图形玺，图为一只象征吉祥的双翅神羊，纽刻一回首卧坐瑞兽。在明代，御用玺印中还有一种以佛像为内容的图形玺，别具一格。玺面不镌文字，而刻画白描图像，形象生动逼真，线条纤细流畅，极富时代特征。

　　综上所述，可证寿山石在明代已被选为制作御玺的重要材料。这些宝玺绝大多数应该是地方官府监督开采优质石材，进贡朝廷，再由宫中匠作按照皇帝的旨意镌刻而成的，而非为闽中石雕良工所雕制。

2．清代皇帝寿山石宝玺

　　清顺治皇帝入主中原统一中国后，沿袭明代典章结合满族占统治地位的实际，建立一套具有鲜明特点的皇帝宝玺制度。至乾隆十一年（1746）进一步加以完善，将国宝定为二十五方，以符天数，取义《周易》中"大衍天数"之意。用玉、金和梅檀木为材料，雕铸交龙、盘龙或蹲龙纽，玺文镌刻满、汉篆文相配，体现出皇帝至高无上的权力。

图067

图068　康熙皇帝画像

　　在清统治的267年中，历十朝皇帝，除"二十五宝"外，各朝皇帝都镌刻有大量用于御笔、鉴赏、收藏和玩赏的玺印，又称为"皇帝闲章"。其质地以玉、石居多，特别突出的是寿山石宝玺，不但数量多，而且石质佳，纽饰精，充分反映出民间印章文化对宫廷的影响和帝王对寿山石的宠爱。

　　从现有遗存的清历朝皇帝御用的寿山石宝玺实物及文献资料来看，除顺治帝外，其他九位皇帝均镌刻有数量不等的寿山石宝玺，其中尤以康熙、雍正、乾隆和嘉庆四朝为最盛。

　　①康熙（1662－1722）

　　康熙帝玄烨亲政以后，为巩固政权，十分重视学习和吸收汉族文化，并取得了卓越的成就。他在位61年间，刻制各种玺印一百三十多方，收录于《康熙宝薮》中的寿山石玺就达百方，数量相当可观。只可惜历经沧桑，这些实物大部分已经散失，有的甚至流落海外。（图068）

　　郭福祥在《明清帝后玺印》一书中说："笔者最近偶然看到一组康熙晚年的御用玺印，印文内容有'坦坦荡荡''景运耆年''康熙宸翰''保合太和''佩文斋''戒之在得'等计12方，值得注意的是其中就有6方是寿山石质，而且有几方为田黄石。质地温润通透，是典型的田黄冻石，为寿山石中的极品。其纽饰为圆雕动物和瑞兽，形象逼真生动，雕工流畅细腻，是典型的康熙时期风格。其中一方子母狮的眼仁嵌灰色宝石珠。"

　　公元1721年，在康熙登基60周年之际，他亲自选用"戒之在得"和"七旬清健"为玺文，分别以朱文和白文篆刻在一对寿山红花芙蓉石平顶浮雕夔龙纽方形玺上，反映出自己的忧患意识和良好心态（图069）。这对常钤于康熙晚年御笔书画作品上的玺印于百年前八国联军侵华时被掠夺到异国，直至2002年春，华辰拍卖行才从海外征得，并以380万元天价成交，加上手续费总价超过400万元，创中国拍卖史上印章类单枚、对章最高纪录。

　　康熙年间，正值寿山石大开发时期，许多珍品源源进贡宫廷，由内务府造办处工匠制成

图069 "戒之在得""七旬清健"博古对章 清·康熙 芙蓉石

印材后，存放库中备用，数量甚丰。除供本朝使用外，继位的雍正、乾隆两朝皇帝仍有取用康熙遗留印材篆刻印玺的记录。例如雍正初年刻制的寿山石"雍正御笔之宝""万机余暇""雍正敕命之宝"和"雍正御览之宝"等一批宝玺，均使用康熙时制成的印材镌刻或改刻。

②雍正（1723－1735）

雍正帝胤禛为康熙四子，32岁时受封和硕雍亲王爵号，赐邸圆明园，康熙六十一年（1722）继位（图070）。他早在当亲王时，便喜欢吟诗作对，论禅谈道，特别钟情于寿山石，镌刻许多寿山石质的印章。据统计，雍正皇帝一生所用的印玺绝大部分为寿山石，现存故宫的玺印就有一百五十多方。

1983年夏，笔者参与在北京故宫皇极殿举办的"寿山石展览"筹展工作，有机会接触并仔细鉴赏故宫博物院收藏的雍正被封亲王时期的10方寿山石玺印。材质为芙蓉石和高山石，其中体积巨大者有两枚，分别是：

"和硕雍亲王宝"方形玺和"御赐朗吟阁宝"方形玺。两玺规格相同，高16.3厘米，印面10厘米见方，硕大宽广。石质均为红花芙蓉石，印体满饰浅浮雕云纹，顶部渐化成高浮雕，几只苍龙穿游云间，仅露首、爪，刻画细腻，运刀流畅，应为对章。（图071）

其他尚有芙蓉石质的"圆明主人"三狮纽方形玺、"壶中天"双狮戏球纽方形玺、"膺天庆"卧羊纽方形玺，以及高山石"谦斋"浅浮雕山水椭圆形玺等。

图070 雍正皇帝画像

图071 "和硕雍亲王宝"浮雕云龙纽方玺
清·康熙 红花芙蓉石
16.3cm×10cm×10cm
北京故宫博物院藏

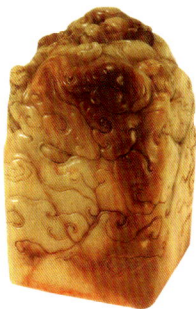

图071

胤禛登基后便连续下旨十数道，利用康熙时内务府储存的寿山石印材雕制或改刻宝玺。据中国第一历史档案馆藏《清内务府造办处各作成做活计清档》记载，仅雍正元年一月份奉旨镌刻的寿山石宝玺就有"雍正御笔之宝"、"万机余暇"、"雍正敕命之宝"（图072）、"雍正御赏之宝"、"雍正亲览之宝"、"兢兢业业"、"敬天尊祖"和"亲贤爱民"等八方，纽雕题材多样，刻画细腻，均由皇帝亲自选择石质，审定纽式，钦定玺文，对于匠工制作的粗件又认真圣览定稿后才行施工。印材有田黄石、芙蓉石以及高山冻石等多种，纽饰内容丰富，除兽纽外，还有山水云龙浮雕以及浅浮雕、深刀雕技法，创薄意艺术之先声，选用的玺文也反映出雍正帝的思想和情趣。

又如康熙帝传有一方常用六兽纽黄寿山石"体元主人"玺印，雍正十分喜爱，于是一登基便下旨照其式样刻制一方螭纽寿山石"万机余暇"与其相配。

雍正不单自己大量刻制寿山石宝玺，还时常赐赠寿山石印章予各皇子。如雍正元年四月分别为四阿哥刻寿山石印"乐善堂""聿修厥德"和"永言配命"三方；为五阿哥寿山石印"中正仁义""温良恭俭""进德修业""日就月将""稽古斋"和"为善最乐"六方。通过玺印向诸子灌输儒家思想，培养治国方略，真可谓用心良苦。

③乾隆（1736－1795）

乾隆帝弘历自幼熟读儒家经典，深得汉文化精髓，一生儒雅风流，在位60年，禅位给皇十五子颙琰（即嘉庆）后，又当了四载太上皇。他一生刻制各类印玺逾千方，在《清高宗御

图072 "雍正敕命之宝"海水行龙纽方形玺 清·雍正 寿山石
11.5cm×12.4cm×12.4cm
北京故宫博物院藏

图073　乾隆皇帝画像

制文集》中云："夫天子宸章，择言镌玺，以示自警也。"（图073）

　　高宗御玺不但数量远超清各朝皇帝，而且选用的材质也非常考究，在多种多样贵重的印材中，玉、石质料占绝大多数，其中八百多方石质玺印中，寿山石就超过六百方。

　　乾隆皇帝在诸多印石中，特别喜爱田黄石。北京故宫博物院和台北故宫博物院分别收藏一件（套）乾隆田黄石宝玺，堪称稀世奇珍。

　　北京故宫博物院收藏的"田黄石三链章"是利用一块材巨质纯的田黄石雕刻而成，由三条长约10厘米的石链条将三颗印玺连接起来。印文分别为："乾隆宸翰"朱文正方形玺，印面2.6厘米见方；"乐天"朱文椭圆形玺，印面长3厘米，宽2.3厘米；"惟精惟一"白文正方形玺，印面2.6厘米见方。这件高宗晚年所制的珍爱私玺，雕制巧夺天工，独具艺术魅力。该宝玺原藏宫中，民国初年曾被盗，流于民间，伪满时期溥仪复得后一直珍藏身边，直至抗战胜利。新中国成立后，关押在战犯收容所的溥仪才将它捐献给国家。（图074）

　　台北故宫博物院收藏的"鸳锦云章·循连环"，是乾隆御制的三组"回文章"中的一组。以田黄冻石为印材，每方印面都刻有"循连环连环循环循连"九字玺文，并互相颠倒组合成九方分别顺序自"初读"至"九读"，印文虽同读法各异的套章。并且每方所用的篆体也不一样，将文字游戏与篆刻艺术巧妙结合，再配以珍贵材质和精美纽艺，别具韵趣。（图075）

　　此外，乾隆诸玺中，还有"信天主人"、"三希堂"、"长春书屋"等，均为素面田黄珍石。

　　乾隆是一位"风雅"君主，性喜吟诗作赋，撰文著述。据万依等编《清代宫廷生活》中介绍，当乾隆八旬寿辰时，大臣金简、大学士和珅投其所好，精选上好寿山石印章一百二十方，印文均摘自乾隆御诗中含"福"、"寿"的吉语组成一套"圆音寿耋"作为寿礼，博得龙颜大悦。（图076）

　　④嘉庆（1796－1820）

　　嘉庆帝颙琰在位25年，当乾隆六十年(1796)宣布传位后到乾隆太上皇去世的4年中，乾隆

图074 "三链章"
　　　 清·乾隆　田黄石
　　　 (下) 印文
　　　 北京故宫博物院藏

乾隆宸翰

乐　天

惟精惟一

图074

图075 "鸳锦云章·循连环"套章之一"初读"
　　　　清·乾隆　田黄石
　　　　（左）御制印谱
　　　　台北故宫博物院藏

图076 "圆音寿鬉"套章
　　　　清·乾隆　寿山石
　　　　北京故宫博物院藏

图075

图076

图077 "嘉庆尊亲之宝"九如山景纽长方玺
清·嘉庆
寿山石　17.8cm×9.7cm×9.3cm
北京故宫博物院藏

图077

"归政仍训政"，继续掌握着国家大权，因此实际当政时间比较短。而且此时的清王朝正处于由兴盛走向衰败的时期，但他仍然承袭先帝大量刻制宝玺的祖制，拥有御玺五百余方，且喜欢追摹乾隆的纽饰、玺文，或者利用宫中库存康、乾时期留下的石章成品篆刻。

北京故宫博物院藏"嘉庆尊亲之宝"寿山石长方形玺，高17.8厘米，印面宽9.7厘米、长9.3厘米。制于嘉庆二十年（1815），是嘉庆朝石质宝玺中体积较大且雕制颇具特色的一方。随印材自然形态雕镂岩石树木山景，其间穿插"九如"螭龙神兽。纽饰部分几乎占满整个印体，题材富有祥瑞含义，与玺文内容相呼应，雕刻技法独特，显现出繁缛艳丽的宫廷艺术特色。（图077）

北京故宫博物院藏的另一方宝玺——"嘉庆御笔之宝"寿山石方形玺，高8.5厘米，印面8.6厘米见方，平台群螭纽，印身四面浮雕夔龙云纹图案。其风格与"乾隆敕命之宝"如出一辙，具皇家气派。（图078）

此外，"嘉庆宸翰"寿山石方形玺，高7.5厘米，印面3.3厘米见方，则于印体四面随形以深刀法雕饰山景，貌似雍正"建中于民""和四时"等玺，具后世薄意艺术之雏形。

"福绪祥源"寿山石方形玺，纽刻佛手茎蔓，取材新颖，完全世俗化，疑似地方官吏进贡之物，也或许是宫中御工吸收民间寿山石雕技法而刻制的作品。

⑤道光（1821－1850）

道光帝旻宁，在位30年，社会动荡，列强入侵，鸦片战争签订的《中英南京条约》使中国沦为半殖民地半封建社会，是清王朝的全面衰败时期。在这样内忧外患的情况下，他御制的宝玺数量较前朝明显减少，仅有六十多方，材质与纽雕艺术亦大为逊色。

北京故宫博物院所藏"恭俭惟德""政贵有恒""主善为师"（图079）和"虚心实行"

图078 　"嘉庆御笔之宝"群螭纽方形玺　清·嘉庆
　　　　寿山石　8.5cm×8.6cm×8.6cm
　　　　北京故宫博物院藏

图079 　"主善为师"六螭灵芝纽椭圆形玺　清·道光
　　　　寿山石　12.5cm×8.2cm×5.2cm
　　　　北京故宫博物院藏

图078

58

图079

等数方寿山石宝玺，材质粗糙，纽制简略，甚至光素不施雕饰。

⑥咸丰（1851－1861）

咸丰帝奕詝，在位11年，国家处于多事之秋，刻制宝玺数量亦少，在遗存的二十余方实物资料中，寿山石约占三分之二，玺文多为"鉴赏""御赏"或"御览"之类内容，特别有价值的是几方田黄石宝玺。

"咸丰御览之宝"田黄石长方形玺，高13厘米，印面宽9.3厘米，长9厘米，其印式接近正方形。随形刻成山形纽，印体三面分别镌边款："惟清""坚栗精密，泽而有光，五色发作，以和柔刚。心逸"和"玉蜜滋"等，在清历朝御用田黄石宝玺中，论石质虽属一般，但印体硕大，亦属罕见。（图080）

在咸丰御玺中有一方本来并不起眼的田黄石闲章，却因经历了一段传奇事件，成了历史名玺。它是咸丰生前鉴赏书画时常钤用的"御赏"田黄石日字形玺，高5厘米，印面宽1厘米，长2厘米。顶端无刻纽，呈自然形光素，保留石璞皮层，质细润，色纯黄。品虽佳，但材细小，在皇帝御玺中算不上稀珍。

咸丰十年（1860）八月，英法侵略军逼近京师，咸丰帝仓皇逃往热河，于翌年夏宾天。他在弥留之际下一道遗诏，立子载淳为太子继承皇位，因幼主年少，着派载垣等八大臣辅政。同时，又分别赐给皇后纽祜禄氏慈安和小皇帝"御赏"田黄石宝玺和"同道堂"方玺，用以代替朱笔作为幼帝谕旨的符信。

《热河密札》记："两印均大行皇帝所赐，母后用'御赏'印，印起。上用'同道堂'印，印讫。凡应用朱笔者，用此代之，述旨均用之，以杜弊端。"此时载淳才6岁，西太后慈禧凭借皇帝生母身份掌管皇帝那方宝玺，并与太后慈安联手，在恭亲王的配合之下成功地

图080
"咸丰御览之宝"山岩纽长方玺
清·咸丰
田黄石　13cm×9.3cm×9cm
北京故宫博物院藏

图081
"御赏"素顶宝玺及套装木匣
清·咸丰
田黄石　5cm×1cm×2cm
北京故宫博物院藏

图080

图081

发动宫廷政变，改号"同治"，实行两宫垂帘听政。一方小小闲章，在特定的历史条件下，竟能在这场改变国家政治格局的"辛酉政变"中起到决定性的作用，实为罕有。（图081）

　　⑦同治·光绪·宣统三朝（1862－1911）

　　咸丰后的清王朝政权日暮途穷，最终走向灭亡。同治、光绪两朝近半世纪间，朝政被慈禧太后所把持，留下的皇帝宝玺为数更少。

　　1909年，3岁的溥仪登基仅三载即告退位。在以后的十几年里，虽仍在紫禁城内的"小朝廷"里继续以皇帝自居，接受旧臣朝拜，时有遗老遗少进献印章，但其品质自然与往夕不可同日而语。

图082　"同·治"螭纽方形组玺　清·同治
寿山石　每方6.2cm×3.2cm×3.2cm
北京故宫博物院藏

图083　"宣统宸翰"圆顶方形玺　清·宣统
寿山石　2.9cm×1.5cm×1.5cm
北京故宫博物院藏

北京故宫博物院藏寿山石"同·治"组玺一对，每方高6.2厘米，印面3.2厘米见方，纽雕群螭，穿插镂空，其风格与同时期民间印章雕制无甚区别（图082）。光绪皇帝的寿山石"御笔"玺印四方，亦无特色可言。宣统寿山石"宣统宸翰"方形玺更是平顶无纽雕的光素小印章，石质一般，高不及3厘米，印面仅1.5厘米见方。从边款所刻"臣载洵恭刊"字样可知此印为醇亲王载沣六弟篆刻进献之物。（图083）

图083

⑧慈禧太后宝玺

慈禧太后叶赫那拉氏，乃同治皇帝载淳的生母，生于1835年，逝于1908年，是一位生性好强、工于心计且抱负远大的女性。咸丰二年（1852）入宫，取得皇上专宠，五年中由贵人晋升为贵妃。自从咸丰六年（1856）生了唯一的皇子载淳后，母以子贵，成了后宫中实际地位在皇后之上的第一号角色。经历咸丰、同治和光绪三朝，立过同治载淳、光绪载湉和宣统溥仪三个小皇帝。在同治、光绪年间，又数次垂帘听政，掌握国家最高统治权几近半个世纪，成为晚清时期的实际统治者，是中国历史上赫赫有名的历史人物。（图084）

早在咸丰时代，慈禧就乘皇帝寄情声色，懒于国事之隙，参与朝政，甚至代笔朱批。当龙驭上宾，幼帝继位之际，在那场与八大臣交手夺权，以迅雷不及掩耳之势发动"辛酉政变"的过程中，她深深地体会到皇玺的特殊价值，对于寿山石自然更增添了一份情结。

慈禧喜欢用寿山石刻制玺印，除了当年政变依靠田黄石"御赏"印玺之外，还含有祈"福寿"之意。她闲暇时喜欢挥毫书写"福""寿"书幅，赏赐宠臣，据传：只有二品以上的官吏才能得"福"字，五十岁以上的人始能得"寿"字，惟独荣禄夫人因为最得慈禧欢心，所以才赏书"福寿"二字的挂轴。然而时值清王朝大势已去，江河日下，内忧外患，国

图084 慈禧太后像

力不济，宫中不要说田黄石，即便想寻得一块上好的寿山冻石亦非易事，所以慈禧的玺印鱼龙混杂，良莠参差，有些甚至是市井地摊的印材。

"慈禧皇太后御览之宝"是慈禧常钤盖于她观览过的宫中珍藏字画上的宝玺，高12厘米，印面10.4厘米见方，采用一块红白黄三色相间的上等寿山石为材料，根据她的旨意，刻制玺纽的题材具有特殊的含意，玺顶利用俏色雕刻一只美丽的凤凰，飞翔云间，云下依石形刻山岩松树，洞穴间刻龙和麒麟等神兽。这种别出心裁的纽式，在清代后妃玺印中可算是绝无仅有的，它露骨地反映出慈禧的"凤在上"思想，与慈禧东陵享殿前石栏板以及"龙凤石"上的奇妙图案同出一辙。此玺不但纽式不合祖制，而且印面尺寸也超过咸丰帝的"咸丰御览之宝"，以此来体现统治中国的权力。（图085）

北京故宫博物院收藏的"保合太和""中和位育"和"仁者寿"三方慈禧寿山石闲章，其中前两玺为方形章，高8厘米，印面3厘米见方，后者为长方章，高8.4厘米，印面长3.4厘米，宽1.4厘米，狮纽，边款均刻"臣吴永恭制"五字。（图086）

说起这几方玺印，也有一段不寻常的来历。1900年，八国联军攻入北京，慈禧太后携光绪皇帝狼狈出逃，一路"昼饔无糗糒，夕休无床榻"，历尽艰辛。当行经怀来县时，知县吴永出城迎驾，恭敬服侍，博得太后欢心，因此倍受宠信，连连迁升。吴永刻制进献的石章，虽属平常之物，但却是慈禧在落难之时臣子唯一的献纳，所以慈禧对它珍爱有加，永留宫中，还收录于《慈禧宝薮》印谱中。

3．清宫御用寿山石雕珍品

在清代，寿山石除用于制作帝后宝玺之外，还大量雕刻各种艺品，用作宫中摆设或供帝王玩赏。至今留存故宫的遗物大致可分为"镶嵌器具"和"观赏艺品"两类。

①镶嵌器具

在紫禁城各宫殿摆设的隔扇、插屏、橱柜、立镜乃至桌椅、几案、箱盒等器具中，常见有采用各种色彩的寿山石与其他宝石镶嵌组合而成的美丽图画。这种工艺称为"百宝嵌"，早在明代皇宫中即有出现。

北京故宫博物院收藏的一件明"百宝嵌戏婴图漆器立柜"，在两扇柜门上装饰镶嵌成"婴戏图"中的山景便是使用红白相间的寿山石雕刻而成的。（图087）

到了清代，宫中制作镶嵌器具相当普遍，寿山石以其质地脂润，色彩斑斓，易于雕刻等特质，更成了重要的装饰材料。在2003年香港佳士得举办的拍卖会上，一件清康熙御制的"寿山石嵌人物图镂空龙寿纹围屏"，高320厘米、宽500厘米，由12扇组成，屏框为紫檀木质，双面有寿山石镶嵌装饰图56幅，正面为中国传统山水和仙人，背面为西洋建筑及人物。

图086

图085
"慈禧皇太后御览之宝"凤凰瑞兽纽方形玺
清·同光间
寿山石　12cm×10.4cm×10.4cm
北京故宫博物院藏

图086
"仁者寿"双狮纽扁形玺
清·光绪
寿山石　8.4cm×3.4cm×1.4cm
（右）印文　吴永蓁
北京故宫博物院藏

图085

图087
"百宝嵌戏婴图"黑漆立柜
明代
186cm×126cm×61cm
北京故宫博物院藏

图087

该作品终以2300多万港元成交,刷新了中国家具拍卖成交价的世界纪录。（图088）

乾隆时,宫廷制作各种器具使用寿山石的数量骤增,曾一度出现库存不敷使用的现象。乾隆十三年（1748）八月特下旨:"传谕福建总督喀尔吉善:造办处所用五色寿山石要多少送多少来。"福建总督接旨后不敢怠慢,立即采办优质的寿山冻石25块,计重700斛,进贡朝廷以应制作隔扇使用。随着宫中寿山石需求量不断增加,连他省官吏也争相向朝廷进献寿山石。根据档案记载,贵州巡抚元展成曾上进寿山石。

此外,"黄花梨百宝嵌番人进宝图竖柜"以及"紫檀百宝嵌秋海棠花式盒"、"紫檀百宝嵌花果盒"等一批清宫百宝镶嵌器具,都巧妙地应用寿山石点缀画面,起到画龙点睛的艺术效果。

②观赏艺品

清历朝皇帝都有收藏、玩赏寿山石雕艺术品的雅好,大到利用数块寿山石拼合雕刻的陈设摆件,细至小巧玲珑可以置于掌中摩挲把玩的手件、佩饰,还有笔架、笔头、水丞和压纸之类文房用品,数量之多,数不胜数。其中,既有按照皇帝的旨意,由内务府造办处御工精心设计并呈皇帝"圣览"定稿后进行雕刻的御制艺品,也有由地方官吏搜罗寿山冻石经过良工雕琢后进献宫廷的贡品。

清代初期民间雅尚文玩之风逐渐进入宫廷,圣祖康熙皇帝即位之后首先成立养心殿造办处,负责监造各类宫廷器用,此项制度持续至雍、乾两朝。在造办处中设置有木、手作坊,匠役由地方官府推荐入宫,其中不乏江南著名雕刻家,这些御工的作品大都精益求精,体现出皇家宫廷气派。

陈设摆件人物圆雕多以仙佛为题材,常见者有观音、罗汉、弥勒和寿星,还有李白等历史名人。北京故宫博物院藏"伽南香木嵌罗汉山子石雕",高90厘米,宽70厘米,厚60厘

图088　"寿山石嵌人物图镂空龙寿纹"十二扇围屏　清·康熙　320cm×500cm

米，以伽南香木刻山崖，将寿山石圆雕观音、童子、韦陀及十八罗汉像布满山间，呈现一幅佛国图画。

故宫养心殿的小佛堂至今仍保留清时原貌，殿内供奉一套寿山石佛像，造型圆润，刻制精细，此件佳作也是出自宫中御工之手。

在清宫御玩寿山石雕品中，有不少民间雕刻家的佳作。其中包括署名杨璇、周彬、魏开通、魏汝奋等康熙时代著名寿山石雕刻家的作品，堪称时代杰出代表。如："伏狮罗汉"，高4厘米，宽9厘米，以田黄石为材料，质地莹润，刻画一尊昂首罗汉，手执拂尘，足履草鞋，神态生动。右侧小狮卧伏回首仰望主人，生动传神，衣饰嵌珠，眉、眼、须、发及纹饰染墨，底部阴刻"玉璇"行书款。（图089）

杨璇字玉璇，福建漳浦人，寓居福州，清康熙年间著名寿山石雕刻家。康熙《漳浦县志·杨玉璇传》载："杨玉璇善雕寿山石，凡人物、禽兽、器皿俱极精巧，当事者争延致之。"周亮工《闽小记》赞其作品运刀之妙"如鬼工"。他的雕刻珍品多被选为贡品进献宫廷。

"弥勒坐像"，高5厘米，宽13.5厘米，以田黄石为材料，色粟黄，质通灵，根据石料自然形态依势造型，巧妙雕刻一尊弥勒，粗眉瞪眼，咧口大笑，身穿袈裟，袒胸露腹，赤足斜倚，右手按膝，左手紧握布袋，以概括简练的艺术手法将弥勒怡然自得的神态刻画得惟妙惟肖。衣边、布袋线刻锦纹，背部阴款"尚均"二字。造型浑朴，刀法洗练。（图090）

周彬字尚均，福建漳州人。康熙时寿山石雕名家。成名稍晚于杨璇，以擅刻印纽著名于世，兼工人物圆雕。作品善于抓住形态特征，大胆夸张，为藏家所推崇。《古玩指南》说："今日古玩肆厂，以尚均制者为最贵。"

"伏虎罗汉像"高8厘米，连座通高10厘米，宽7.2厘米，以桃花红高山石为材料雕刻罗汉的身躯与猛虎，而头部及双手则采用白色高山石镶嵌。须眉、衣纹及虎斑经线刻后染墨涂金，石座上阴刻款"弟子魏开通镌"。

图089 伏狮罗汉　清·康熙　田黄石　4cm×9cm
杨璇作　北京故宫博物院藏

图090 弥勒坐像　清·康熙　田黄石　5cm×13.5cm
周彬作　北京故宫博物院藏

图091
《内务府造办处各作成做活计清档》书影
清代
中国第一历史档案馆藏

魏开通，康熙时人，师承杨璇，擅长人物圆雕，佛像造型尤佳，其作品喜将人物面首及手足使用纯白色冻石嵌缀，并在须、发、唇、眼处染涂朱墨，加以装饰。

其他如"托塔罗汉"着重刻画面部表情，凸额、宽鼻、阔嘴、亢眉，一副武相，而"谈经文罗汉"则以圆浑的脸形和额上明显的皱纹塑造一位久经风霜、苦修道行的佛子形象。"伏兽罗汉"将罗汉威严的气势和驯服的异兽表现得奕奕有神。

为数可观的寿山石雕贡品充分体现了清代前期寿山石雕的艺

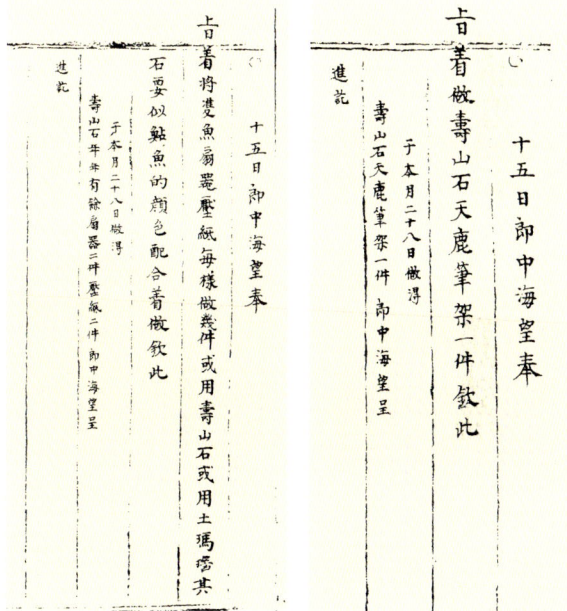

图091

术水平和民间艺人的高超技艺，以及名家各自的独特风格，为后世留下一份宝贵的历史实物资料。

雍正皇帝在位期间，除大量刻制宝玺外，还时常下旨命造办处雕刻精巧绝伦的寿山石文房用具和玩品，在清宫档案中对此记录颇详。兹列举雍正二年至四年《清内务府造办处各作成做活计清档》（图091）所载：

雍正二年十月二十九日：做海棠式假山寿山石盆"福寿三多"盆景一件；

雍正二年十二月三十日：做寿山石笔架一件。同日，做寿山石"鹦鹉献桃"陈设一件；

雍正三年九月十八日：做镶嵌插屏一件，其中前面嵌寿山石寿星等人物四人；

雍正四年二月二十九日：做寿山石异兽一件，配做紫檀木座；

雍正四年三月二十一日：收拾寿山石雕刻"葡萄插屏"一件。

雍正帝不但对御制寿山石雕的质量有严格的要求，亲自审定、验收，有时还将贡品中不满意的石雕交造办处匠师按其旨意改刻。如雍正四年三月十三日，谕旨将一件寿山石雕罗汉身边的狮子改刻成西洋狗。

台北故宫博物院收藏两件御用案头清供寿山石异兽书镇，堪称清前期宫中石雕之精华。一件为田黄石"异兽书镇"，高3.4厘米，长6.4厘米，宽3.7厘米，石质晶莹剔透，兽作伏卧状，首微扬，顶生双角，长尾转旁侧，周身毛纹柔细，刀法精妙。据郭福祥《清前期寿山石

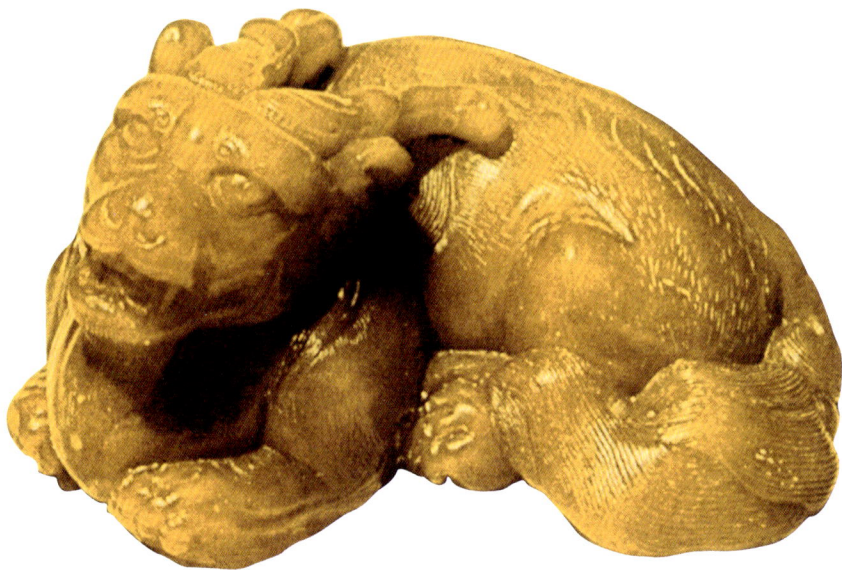

图092

异兽书镇　清代

田黄石　3.4cm×6.4cm×3.7cm

台北故宫博物院藏

雕艺术考察》考证，清档案所记载雍正四年正月十三日，太监杜寿交给造办处的一件寿山石异兽，传旨"配座子"，于二月二十九日完成呈进的石雕，有可能就是此件书镇。（图092）

另一件寿山石"天鹿永昌书镇"，高3.3厘米，长5.9厘米，宽4.3厘米，作品利用一块红白相间，混杂灰色斑纹的俏色寿山石为材料，雕刻一只转首跪卧的神鹿，造型生动，刀法简练。（图093）

三、印人篆刻首选寿山石章

中国玺印自元末王冕创用花乳石篆刻印章之后，开始进入石章时代，出现了篆刻流派艺

图093
天鹿永昌书镇
清代
寿山石　3.3cm×5.9cm×4.3cm
台北故宫博物院藏

术的蓬勃发展。与此同时，寿山、青田出产的印石材料也应运而生，取代铜和玉成为制作印章的主要材料。寿山石以其特具的天生丽质，兼备实用与观赏价值，更加博得印人青睐。高兆《观石录》记："（寿山石）春雨时溪涧中数有流出，或得之于田父手中，磨作印石，温纯深润，谢在杭布政尝称之，品艾绿第一。"

谢在杭，名肇淛，明万历年间进士，官广西布政使。曾游寿山诸胜，品赏寿山灵石，有《游记》与诗篇流传后世，可见寿山石章在明代已经广泛用于制印。

当寿山石引入印坛之初，篆刻家镌刻之后为了防止作品被人磨削重刻，往往将石章置于火中煅烧，致使印石色变黑，质坚脆，失却原来面目，无法分辨石种。世人称之为"石经火"，又叫"煨乌"。

明万历年间，享有"文人篆刻开山祖师"之誉的文彭和他的学生何震，一生"竞尚冻石，其文润泽有光，别有一种笔意丰神"，所刻佳作多由于时间久远，年代变迁，能传留至今者寥若晨星，极为罕觅，且真伪混杂，鉴定殊难。台北故宫博物院收藏清乾隆皇帝集"爱莲说"和"铭篆兼珍——陋室铭"两套文彭款寿山石组印，虽经专家鉴定认为是伪刻，若单从石材而言，它对研究早期的寿山石章形制仍具一定历史价值（参见台北故宫博物院《故宫月刊》第253期，2004年4月出版）。（图094）

明末清初印学家周亮工（1612－1672），河南祥符（今开封）人，崇祯间进士，授监察御史，入清后曾任福建按察使等职。好收藏，尤其喜爱印章，自云："平生嗜此，不啻南宫爱石。"著有《印人传》《闽小记》等。他在《印人传·卷二·书张大风印章前》一节中说："印章妙莫过于市石，冻则其最下者。仆蓄老坑冻最多，亦复最善，患难以来尽卖钱糊口，买者欲得吾'冻'耳，岂知好手镌刻，便亦随之去耶。彼买冻者，即得妙篆，势必磨去易以己之姓名，故市石之形，百年如故，'冻'入一家，则矮一次，不数十年尽侏儒矣。仆冻章无一存者，而妙篆反因市石岿然如鲁灵光。君苟爱惜妙篆，当永永戒镌'冻'，专力于

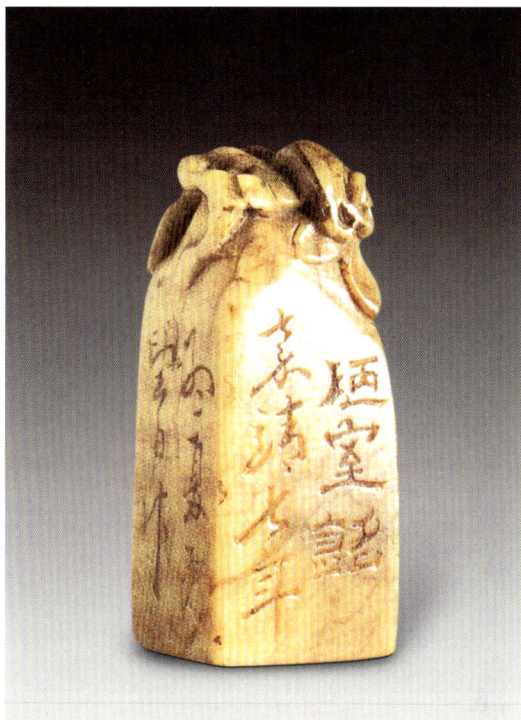

图094

清宫存文彭款寿山石"铭篆兼珍——陋室铭"

（上）石章　（下）印谱

台北故宫博物院藏

图094—①

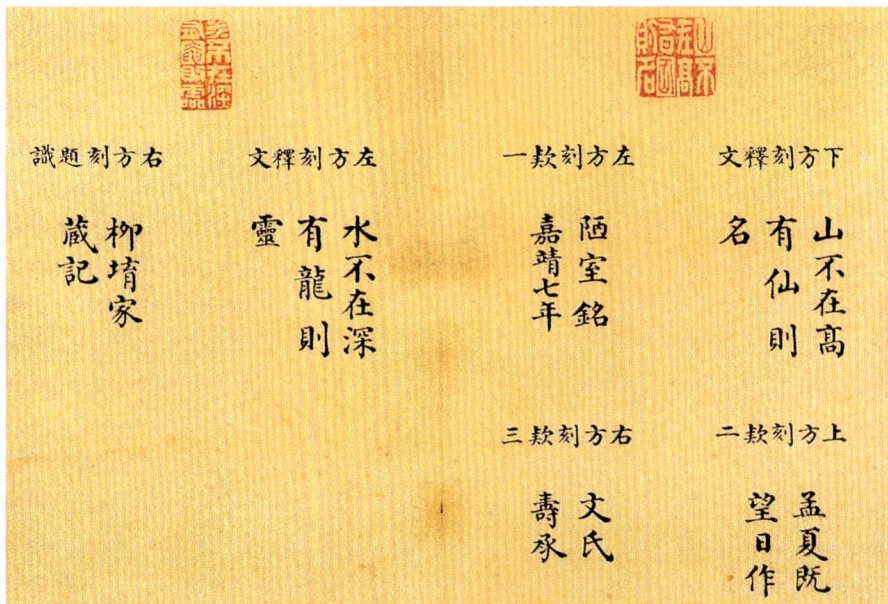

图094—②

市石。以今观之，予语岂信然哉。"周氏所谓"市石"即指质地粗糙、通灵度差的印石，而"冻石"则为富有透明感的"晶、冻"之类优质印石。他所提出的"市石优于冻石"的观点，在常人看来似乎不可思议，但从爱惜妙篆的印人角度来看也不无道理。

马光楣《三续三十五举》中亦持相同观点："古来旧印一至俗手，辄磨去易以己之姓名，磨一次约减去制钱三四枚厚，经二次、三次、五六次俗人，不数年，高岩之石皆侏儒矣。即有获全存于今者，仅百中一二耳。藏家旧族妇人女子尽卖钱糊口，估客市诸海外人有得美利，是以世上良石日少一日，与随珠和璧同珍也。"

明末文人画家程邃（1605－1691），字穆倩，号垢道人，安徽歙县人，明亡后侨居扬州。篆刻初宗文、何，后创新体，开皖派门户，与门人王肇龙、巴慰祖、胡唐合称"歙中四子"。他治刻印章十分重视石材品质，尤喜选用寿山石珍品。上海博物馆、香港艺术馆均收藏其寿山石篆刻作品。（图095）

1987年秋，香港苏富比拍卖会以123万港币拍出一方晚清赵之谦篆刻的田黄石平顶方章，高8厘米，重215克。印顶尚留有"壬了春程邃"五字旧款，可证此印原为程邃所篆，后被磨除重刻，故弥足珍贵。

篆刻艺术发展到清乾嘉年间，出现以丁敬为首的杭州篆刻名家蒋仁、黄易、奚冈、陈豫钟、陈鸿寿、赵之琛和钱松八人创立雄健苍古的浙派风格，称为"西泠八家"，他们一生佳作无数。20世纪初丁仁集家藏印石编成《西泠八家印选》，逐枚详加按语，介绍印章材质。其中，除"石经火"无法辨认石种外，寿山石占重要比例，包括黄、白各色寿山冻石和田黄石等。从这些印章边款文字考证，其中多为官宦名流、文人雅士囊中珍玩之物。如：

丁敬刻"且随缘"长方章，是他晚年卜居祥符佛寺西侧与素心良友朝夕过从，品茗斗句期间，为答谢大恒禅师以龙泓小集图见赠，奉酬之作（图096）；

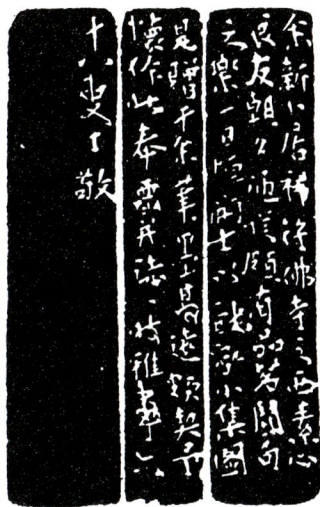

图095

图096

图097

图098

图095
"茶熟香温且自看"兽纽方章　明末
寿山石　程邃篆刻
（中）印文　（下）款识
浙江省博物馆藏

图096
"且随缘"长方章　清代
寿山石　丁敬篆刻
（上）印文　（下）边款

图097
"翁承高印"方章　清代
寿山石　蒋仁篆刻
（左）印文　（右）边款

图098
"姚立德次功号小坡之图书"方章　清代
寿山石　黄易篆刻
（左）印文（右）边款

蒋仁于乾隆四十九年为钱塘名仕、举人翁承高刻姓名方章；（图097）

黄易于乾隆四十三年为一品荫生、河东河道总督姚立德刻"姚立德次功号小坡之图书"大方章；（图098）

奚冈为直隶祁州知州、著名画家姚嗣懋刻"嗣懋""姚氏脩白"对章；（图099）

陈豫钟于嘉庆二年为广东儋州知州汪阜刻田黄石"几生修得到梅花"方章；（图100）

陈鸿寿于嘉庆五年为乾隆进士、吏部尚书刘环之刻"宗伯学士"方章；（图101）

赵之琛于道光二十七年为嘉庆进士、刑部尚书赵光刻"天水郡赵光印""字仲明号容舫"对章；（图102）

钱松于咸丰四年为其友范守和刻名字印，并署边款云："稚禾此印余久置案头未报，明日有虎跑之约，稚禾当过从曼花庵，因就灯下以了数月之愿，然在近作中最为出色，勿示俗流也。甲寅十一月叔盖并记。"可见此乃得意之作。（图103）

清代中叶最伟大的篆刻家邓石如（1743－1805），初名琰，以字行，又号顽白、完白山

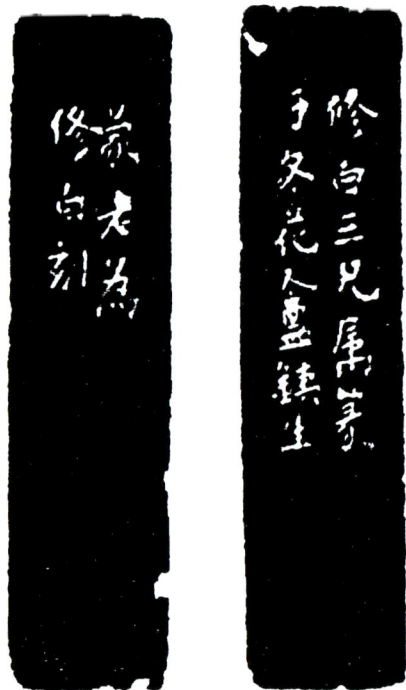

图099
"嗣懋""姚氏脩白"对章　清代
寿山石　奚冈篆刻　（上）印文　（下）边款

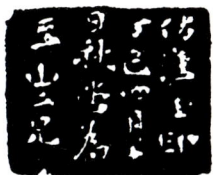

图100

图102

图101

图103

图100
"几生修得到梅花"方章　清代
田黄石　陈豫钟篆刻
（上）印文　（下）边款

图101
"宗伯学士"方章　清代
寿山石　陈鸿寿篆刻
（上）印文　（下）边款

图102
"天水郡赵光印""字仲明号容畇"对章　清代
寿山石　赵之琛篆刻
（上）印文　（下）边款

图103
"范守和印"方章　清代
寿山石　钱松篆刻
（上）印文　（下）边款

图104　邓石如画像

人，安徽怀宁（今安庆）人。工书法，喜以小篆入印，开创皖派中的"邓派"体系。（图104）印作传世珍稀，印石留今者更是印海遗珠。上海博物馆收藏其为孔子后裔篆刻的"阙里孔氏雪谷考藏金石书画之记"田黄石长方章一枚，印材质纯而润，纹理清晰。纽刻祥兽雕制精细，为清初标准纽式。印文排列有序，流畅圆转，堪称珍宝。（图105）

乾隆年间有位闽籍篆刻家董汉禹，字沧门，不但善治印，亦精于雕刻寿山石印纽。乾隆二十七年曾以寿山石刻武夷山名胜印章40余方，由著名印学家汪启淑编成《武夷名胜印谱》一卷。

乾嘉时另一位侯官（今福州）治印高手林霔，字德澍，号雨苍。著有《印商二卷》，一生篆刻寿山石章无数（图106）。鉴藏家郑傑（名昌英）在《闽中录·寿山石谱》中说："余素有石癖，积三十年，大小得五百余枚，皆吾闽先辈所遗留。纽多出之杨玉璇、周尚均二家所制，随嘱友人林雨苍篆章。石既陆离斑驳，无妙不臻，章复规秦摹汉，诸法咸备。一展玩间，真觉心神俱爽，摩挲不忍释手。"并且将这些印作集成《注韩居印存》一册，附列纽式，注明石品，可惜未及付梓，郑傑仙逝。林霔在《印存》一文中有这样一段记述："刻工虽小技，非胸有书卷终不免俗乎！余友郑昌英，近时藏书家也，余每暇时诣之，凡有说篆说印者，一一借观，时有得力。昌英尤喜蓄石，制章必出余手，年来衷集百余方。有《注韩居印存》一册，欲将梓行而昌英逝矣，此印尚藏其家。"两人交谊可见一斑。

有晚清四大家之称的吴熙载、赵之谦、胡镬和吴昌硕（图107），也多有寿山石篆作传世。

吴熙载（1799－1870），原名廷颺，字熙载，号让之，亦作攘之，以字行。祖籍江宁（今江苏南京），迁居仪征。工书画，篆刻初摹汉印，后宗邓石如，承其风格又开拓新境界。著有《吴让之印谱》《晋铜鼓斋印存》等。（图108）

赵之谦（1829－1884），字㧑叔，号悲盦、铁三等，浙江会稽（今绍兴）人。咸丰举

图105
"阙里孔氏雩谷考藏金石书画之记"长方章　清代
田黄石　邓石如篆刻
（右）印文
上海市博物馆藏

图106
"从来多古意，可以赋新诗"方章　清代
寿山石　林霅篆刻
（右）印文

图105

图106

人，工书画，精碑刻考证，篆刻初学浙、皖两派，继法秦汉，印外求印，独具新格，对后世印学的发展产生巨大影响。著有《二金蝶堂印谱》《补寰宇访碑录》等。（图109）

赵之谦治印主张笔意、刀感、石性兼备，重视印石的选择。他善于针对不同品种的石性，采取相应技法奏刀，追求刀石间特有的质感与神韵。他曾在边款中云："石性脆，力所到处应手辄落，愈拙愈古，看似平平无奇，而殊不易貌。"咸丰十一年（1861），避难温州的赵之谦应在福建为官的好友傅节子之请入闽，有机会接触到大量得天独厚的寿山石印材。他在福州期间相识官为福建盐大使的金石鉴藏家魏稼孙，遂结为"金石知己"，为魏刻印颇多，如"魏锡曾印""悌堂""小人有母""稼孙""锡曾审定"和"鉴古堂"等等。后来赵之谦回温州，仍在书信中与魏稼孙谈及求刻印章之事："'鉴古堂'一印，弟适买得寿山石一枚，仅为制叁石，并跋缛起。惟不知兄能以四百钱之石相易否？能易果佳……又一寿山石（无兽头）留作癹叔赠周葵庵石。……兄石留寿山石四枚，易大者一枚（允否酌示）。"

胡钁（1840－1910），又名孟安，字匊邻，号老鞠、晚翠亭长等。浙江石门（今崇德）人。工诗画，擅刻竹。篆刻初学浙派，复受赵之谦影响，而成自家风格。著有《晚翠亭印储》《不波小泊吟草》等。（图110）

图107 晚清四大家画像 (左起: 吴熙载、赵之谦、胡钁、吴昌硕)

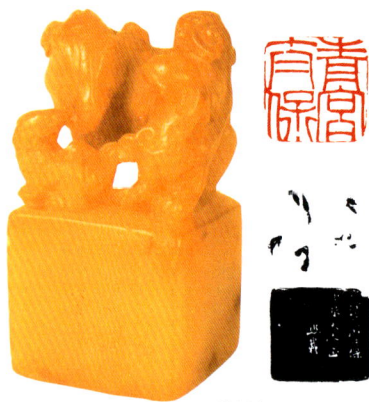

图108

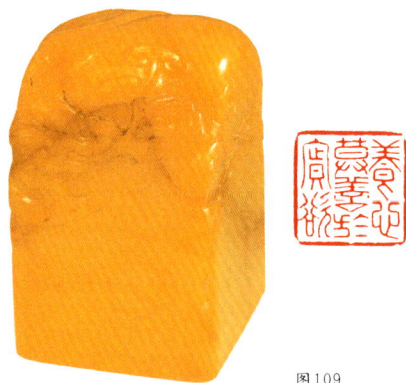

图109

图110

图108
"青宫太保" 兽纽方章　晚清
寿山石　吴熙载篆刻
(右) 印文、边款
君匋艺术院藏

图109
"养心莫善于寡欲" 方章　晚清
寿山石　赵之谦篆刻
(右) 印文
北京艺术博物馆藏

图110
"潜庐珍赏" 薄意长方章　晚清
寿山石　胡钁篆刻
(右) 边款、印文
中国印学博物馆藏

图111
"耦圃乐趣"浮雕兽纽方章　晚清
寿山石　吴昌硕篆刻
（右）印文、边款

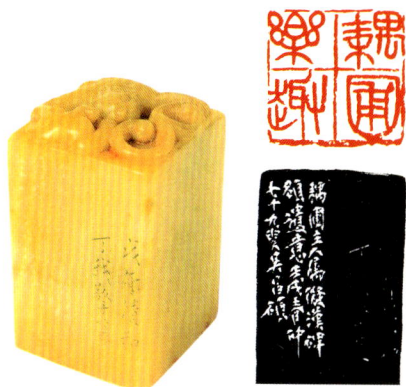

图111

吴昌硕（1844－1927），原名俊，又名俊卿，字仓石，号缶庐、苦铁。浙江吉安人，后寓上海。以诗、书、画、印四绝享誉艺坛，篆刻融会皖、浙诸家，吸取汉印、封泥精髓，卓然成家，为西泠印社首任社长。著有《缶庐集》《削觚庐印存》等。（图111）

他对寿山冻石情有独钟，尤其癖爱田黄石，佳石妙篆流传于世者颇富。中国印学博物馆收藏他生前自用田黄石印章十余方。钱君匋印谱中收录吴昌硕寿山石印章近50方。其中田黄石即有"古朱方民""郦堂""绳庵""稼田""昌枌"和"适园藏本"等多方。

对于石章的纽饰艺术，吴昌硕也十分珍重，对名家纽雕非常珍惜。朵云轩《吴昌硕篆刻选集》中，有一方"心月同光"印款云："石为周尚均所作，尤当珍图视之，老缶记"，爱惜之情，可以想见。

此外，清末篆刻名家徐三庚、黄士陵等，也有大量治刻寿山石印章流传于世。

徐三庚（1826－1890），字辛榖，号井罍、袖海，浙江上虞人。工书法，篆刻初学陈鸿寿、赵之琛，后参汉篆，自成一家。著有《金罍山民印存》《似鱼室印谱》。（图112）

黄士陵（1849－1908），字牧甫、穆父，号倦叟。安徽黟县人，寓广州。篆刻初学邓石如、吴熙载，后取法秦汉玺印，复参商周金文，于浙皖之外独开一宗，为黟山派创始人。著有《黄牧甫印存》《籀书吕子呻吟语》。（图113）

四、文士垂青，寿山石身价骤增

明清以降，寿山石进入帝王、官宦之门，在博得权贵宠爱的同时，也受到文人雅士们的垂青，成为文房珍玩。上层名流大动笔墨赋诗著述，评论辨识，百般推崇。

图112
"桃花书屋"方章　晚清
寿山石　徐三庚篆刻
（右）印文、边款
中国印学博物馆藏

图113
"培瑨"长方章　晚清
寿山石　黄士陵篆刻
（右）印文、边款

图112

80

　　明代著名文学家谢肇淛（1567－1624），字在杭，号武林。福建长乐人，后居福州。万历二十年（1592）进士，官至广西布政使，博学多才，擅长诗文，遍游各地名山大川，著述甚富。他曾于万历四十年（1612）初夏偕陈汝翔（陈鸣鹤）、徐兴公（徐𤊹）等闽中诗友游览寿山诸胜，历五日，归来作《游寿山九峰芙蓉山记》一篇，云："（寿山）山多美石，柔而易攻，间杂五色，盖珉属也。奚奴各削数片，内之枕中。"又云："余游山多矣，未有若兹游之快者。"

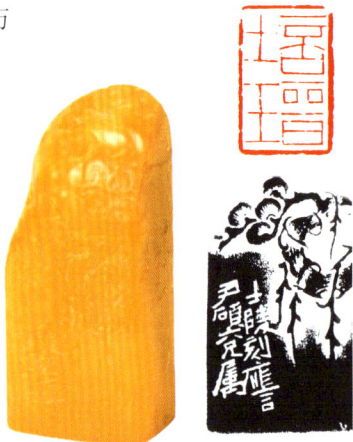

图113

　　此行，谢肇淛及其同行徐𤊹、陈鸣鹤均有吟寿山诗问世。

　　谢诗云："山空琢尽花纹石，像冷烧残宝篆烟。"

　　徐诗云："草侵故址抛残础，雨洗空山拾断珉。"

　　陈诗云："千枚蜡璞多藏玉，三日风烟半渡溪。"

　　另据毛奇龄《后观石录》记："明崇祯末，有布政谢在杭尝称寿山石甚美，堪饰什器。其品，以艾叶绿为第一，丹砂次之，羊脂、瓜瓤红又次之。"

　　清康熙年间，先后有《寿山石记》《观石录》和《后观石录》三篇专述问世。此为历史上最早有关寿山石的鉴赏著作，影响深远。

　　《寿山石记》作者卞二济，情况不详，或云即是与高兆、陈日浴等合称"七子"的诗人卞鳌，是否属实，待考。《寿山石记》未见单独版本，高兆《观石录》、毛奇龄《后观石录》及郑杰《闽中录》均有收录。全文约700字，描述友人购藏的寿山石"有类玉者，

珀者、玻璃、玳瑁、朱砂、玛瑙、犀若象焉者。其为色不同，五色之中，深浅殊姿，别有
缃者、缥者、绮者、缥者、葱者、艾者、黝者、黛者。如蜜、如酱、如鞠尘焉者。如鹰
褐，如蝶粉，如鱼鳞，如鹧鸪斑焉者。……"惊叹"造物化工，其不可思议至于如此
也！"（图114）

《观石录》作者高兆，字云客，自号固斋居士、栖贤学人等。福建省闽县（今福州市）
后屿乡人。明崇祯生员，工文翰，精鉴赏，清初著名学者，为"闽中七子"之一。著有《端
溪砚石考》《续高士传》等。（图115）《观石录》作于清康熙七年（1668），十一年后（康
熙十八年，公元1679年）补跋，全文2700多字。记述十多位鉴藏家140余枚寿山美石的形色
与特征，笔墨雅净，内容丰富。该文见于乾隆间侯官郑氏注韩居藏抄本，是迄今传世的第一
篇寿山石专论，清代《福州府志》《福建通志》及民国《福建通志》等志书均有节录。陈衍
在《观石录》提要中云："（观石录）自序后叙列友人所有之石种种佳处，次言赏鉴之法，
末一跋各友人之存亡兴衰，石之聚散完毁，笔墨皆甚雅净。"（图116）

《后观石录》是稍后于《观石录》的又一篇寿山石著述，写于康熙二十九年（1690），
全文3600多字。对自藏的49枚寿山石章从规格、色泽、石质，乃至纽式、刻工等，逐一作详
尽记录、评介，对研究清初寿山石品种及雕刻艺术，提供了可靠的资料。文章提出"以田坑
为第一，水坑次之，山坑又次之"的寿山石分类、品评论点，对近现代寿山石鉴赏有很大的
指导作用。文中极力推崇田坑石，认为"每得一田坑，辄转相传玩，顾视珍惜，虽盛世强力
不能夺"。在理论上第一个提出"田坑石"，并确定其"第一"的地位。（图117）

《后观石录》作者毛奇龄（1623－1716），字大可，号初晴，又称西河，浙江萧山人。
著名学者、文学家。康熙时任翰林院检讨、明史馆纂修官等职，工诗文词，尤好经学，著作
宏富，有《西河诗话·词话》《竟山乐录》等。（图118）

后人将前后两篇《观石录》称作"双璧"，视为最早的研究寿山石的重要文献，给予高

图114　卞二济《寿山石记》书影（《西河合集·后观石录》引录）

图115　高兆画像（丁梅卿绘）

图116　高兆《观石录》书影（翠琅玕馆丛书）　清代

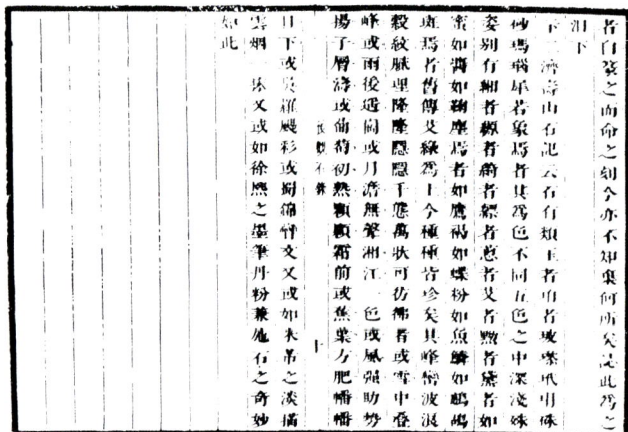

图114　　　　　　　　　　　　　图115

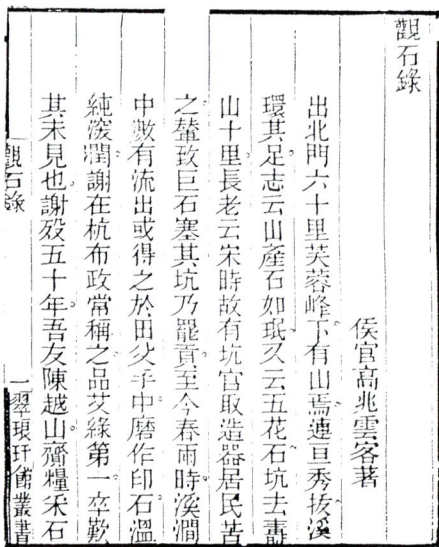

图116

度评价。张潮在《后观石录题辞》中说："高君固斋曾作《观石录》，今毛大可先生，复作《后观石录》，展阅之次，不禁朵耳。合之前编，可以称双璧云。"

乾隆三十七年（1772），清宫开始创修《四库全书》，历十余载完成这部荟萃我国历代典籍之精华，是人类有史以来空前的壮举。书中收录毛奇龄的《后观石录》一文。负责该书编务的总纂官纪昀在《钦定四库全书总目·卷116·子部谱录类——观石后录提要》中，对该文作了客观评介。（图119）

张潮《后观石录跋》云："前观石录仅观他人之石耳，非能有其石也，后观石录，则真有其石矣。石之非我有者观之，苟思攫之，攫非君子之道，或仅如烟云之过眼，则又未能释然于魂梦之间也。若石为我之石，观亦恣我之观，斯可云大观而无憾，但虑有如昔人所云：

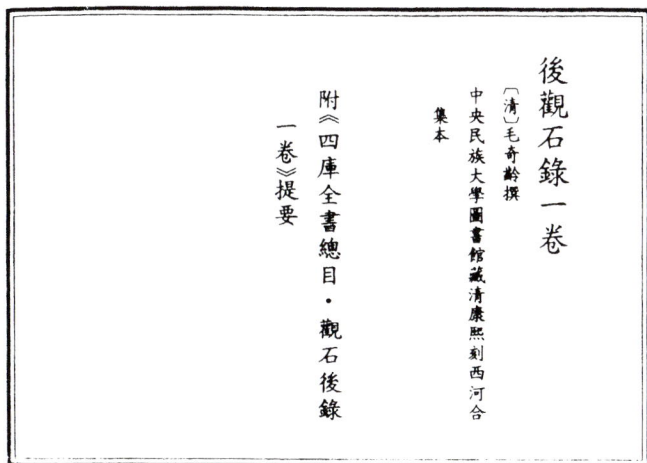

图117
毛奇龄《后观石录》
书影（四库全书本）

图118 毛奇龄画像

图117   图118

83

84

图119
清乾隆钦定《四库全书》（左）
《四库全书》总纂官纪昀《观石后录提要》书影（右）

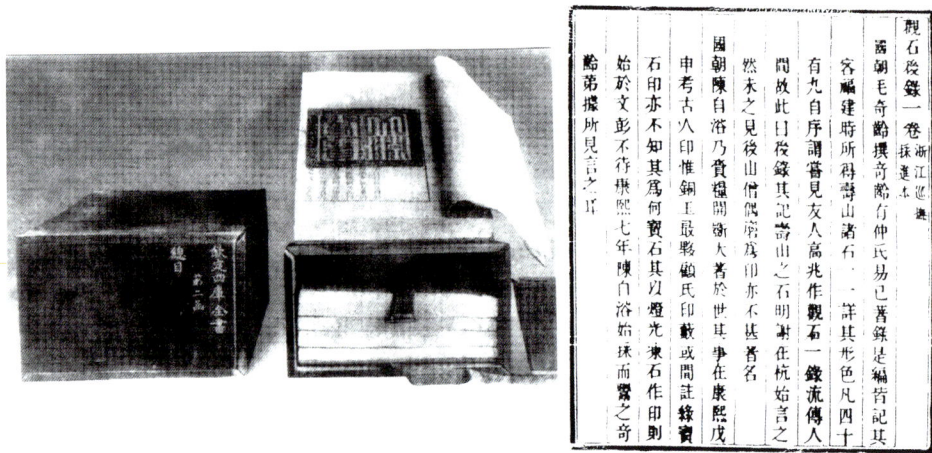

图119

非独公爱，我亦爱者在其傍耳。"清代《福州府志》《福建通志》及民国《福建通志》等志书亦摘要节录，在寿山石文化发展史上起到重要的作用。

乾隆时郑傑《闽中录》卷六列"寿山石谱"一节文中首次采用产地命名石种，约十数类，改变以往"因象命名，随色取号"的传统定名方法，为后世寿山石分类、命名奠定了理论基础。

在清代，涉及寿山石内容的重要文著尚有：

许旭《闽中纪略》、王士祯《香祖笔记》、陈克恕《篆刻铖度》、杨复吉《梦阑琐笔》、徐子晋《前尘梦影录》、施鸿保《闽杂记》，以及郭柏苍的《葭跗草堂集》《闽产录异》等等。

明清各朝编纂的方志《八闽通志》《闽书》《康熙·漳浦县志》《厦门志》《乾隆·福建通志》《乾隆·福州府志》和《道光·福建通志》等，也都记载寿山石。

自十七世纪中叶始，吟颂寿山石的诗歌层出不穷，其中最负盛名者：

朱彝尊（1629-1709），字锡鬯，号竹垞，又号醧舫。浙江秀水（今嘉兴）人。明末清初著名学者，在文学、金石学方面均有很高的造诣，其所作的《曝书亭全集》中有"寿山石歌"一首。

查慎行(1650-1727)，原名嗣琏，字悔余、夏重，号初白。浙江海宁人。康熙举人，赐进士出身，官编修，在所作的《敬业堂诗集》中有"寿山石歌"一首。另有"寿山田石砚屏歌——副相揆公属和"编入《炎天冰雪集》。

黄任（1683－1768），字莘田，又字于莘，自称端溪长史，晚年号十砚老人。福建永福（今永泰县）人。康熙举人，官广东新会、高要知县。工诗、书法，名重一时。辞官居福州"香草斋"，好收藏古砚、寿山石，与名士交游唱和，对闽台诗坛影响颇大。在他的《秋江集》里收入以寿山石为题的诗词四首，其中"爱他冰雪聪明极，何止灵犀一点通"、"我亦爱他程不识，与他为寿寿山中"等脍炙人口的佳句，被广为流传。

此外，乾隆进士叶观国、举人郑洛英，嘉庆进士杨庆琛，咸丰进士龚易图、举人杨浚，以及道、咸间名士魏傑等，均有诗词传世。

五、靖南王治闽期间寿山采石再掀高潮

当清军入关之初，为了利用汉人力量征服全国，分别封吴三桂为平西王，尚可喜为平南王，耿仲明为靖南王，史称"三藩"。耿仲明原为明将，辽宁人，降清编入汉军正黄旗。他死后，王位由其子继茂承袭，于顺治十七年（1660）从广东入闽镇守。康熙十年（1671）继茂去世，其子精忠袭爵立为靖南王，继续镇守福建。

耿氏父子治闽期间，凭借权势凿山挖田，大力开采寿山石，除供自己享用和进贡宫廷、馈赠京师权贵外，还垄断石市牟取暴利，当时文献记述颇详。卞二济在《寿山石记》中称："迩来三四年间，射利之徒，尽手足之能，凿山博取，而石之精者出焉。"高兆《观石录》介绍他于康熙初年从江左返榕时所见寿山石矿情景云："日数十夫，穴山穿涧，摧岸为谷，逵路之间，列肆置侩，耕夫牧儿，咸有贸贸之色。"

康熙亲政后，深恐藩王势力膨胀而危及朝廷，遂于康熙十二年（1673）颁布撤藩令，以致激发了三藩的反清叛乱。当年冬，吴三桂率先起兵，翌年春，耿精忠在福州响

应。他扣押时任闽总督的范承谟，自称总统兵马大将军，分兵三路进攻浙江、江西等地。可是好景不长，由于三藩之间互有矛盾，加上内部猜忌与反叛，使清统治者得以有机会将其各个击破。

康熙十四年（1675），朝廷派康亲王杰书为奉命大将军，率军南下讨伐，于康熙十五年（1676）八月兵临省城，耿精忠见大势已去，只得袒身露体出降。三藩之乱平定后，清廷以负恩谋反罪将其革爵入狱，凌迟处死。

康亲王进驻福州之时，原总督范承谟已被耿精忠诛杀。范承谟乃顺治九年进士，历官浙江巡抚、福建总督，生前喜好收藏寿山石，与许旭等雕纽名家交游。冯少楣《印识》记："许旭曾客闽浙总督范承谟家制印纽。"于是，康亲王一方面将范、耿所藏寿山石珍宝占为己有，另一方面变本加厉地对寿山石进行掠夺性开采。

《观石录·跋》记："丁巳（康熙十六年）后大开山，日役民一二百人，环山二十里，丘陇亩亩，皆变易处。石舁至，大者凿鞍辔，小者为韝韠，较之宋坑造器，民劳百之。"毛奇龄《后观石录》亦云："自康亲王恢闽以来（指康熙十五年康亲王奉命入闽平息耿精忠叛乱之后），凡将军督抚，下至游宦兹土者，争相寻觅。上者置几榻把弄，次者镂刻追琢，与宝石、珊瑚、瑁瑇、砗磲、螺蛤、齿贝同嵌什器，遍饰缰绯、韝韠、靬带、念珠、牙筒、药管诸物。其最下者，摩符雕印，杂镂人兽瓶盂，以为供具。而于是山为之空，近则入山无一石矣！"

康熙时期的著名诗人朱彝尊和查慎行更在《寿山石歌》中尖刻地揭露了官吏们对石农敲诈勒索的情景。朱彝尊诗云："菁华已竭采未歇，惜也大洞成空嵌……况今关吏猛于虎，江涨桥近须抽帆。已忍输钱为顽石，慎勿轻露条冰衔。"自注道："近凡朝士过关者，苛索必数倍。"查慎行诗云："福州寿山晚始著，强藩力取如输攻。初闻城北门，日役万指佣千工。掘田田尽废，凿山山为空，昆冈火连三月烽，玉石俱碎污其宫。况加官长日检括，土产率以苞苴充。"

在利益的驱动下，民间寿山石市场的空前繁荣也吸引了一些藏家投身到采矿贩石的行列中来。康熙时福州有位出身官宦之家，善诗文、喜收藏的名士，名叫陈日浴，字子荣，号越山，与高兆、卞鳌、曾灿垣等并称"闽中七子"，还当过福建将乐知县。他由玩石、藏石发展到亲自上寿山采石，加工后运往京师出售，从而发了大财。其友高兆《观石录》载："吾友陈越山斋粮采石山中，得其神品，始大著。"并在文中介绍他的藏石20余枚，称赞道："美玉莫竞，贵则荆山之璞，蓝田之种；洁则梁园之雪，雁荡之云；温柔则飞燕之肤，玉环之体。入手使人心荡。"

毛奇龄《后观石录》也说："康熙戊申（康熙七年），闽县陈公子越山，忽斋粮采石山中，得妙石最夥，载至京师售千金。每石两辄估其等差，而数倍其值，甚有直至十倍者。"

参证历史文献和传世实物，可知清前期出产的寿山石品种相当丰富。田黄石自明末崭露头角后，以其独有的质色魅力博得帝王宠爱，康熙时采掘最盛，以致出现"掘田田尽废"的场面。水坑、山坑诸洞也全面开发，主要有水洞、艾绿、党洋、高山、都成、月尾、旗降，以及芙蓉等名品。

清初政权未稳之时，为防范郑成功等反清势力，曾采取残暴的"围海、迁界"和"圈地、匡房"等一系列措施，禁止闽粤居民出海，给沿海地区的经济和海外贸易造成严重破坏。至康熙二十三年（1684）清廷统一台湾后，解除"海禁"，并施行缓和政策，恢复经济，对外交往较明代更为宽和怀柔，东南沿海出现"联樯结槅，鳞次海滋"的繁荣景象。到了雍正年间，更大开洋禁，史载："厦门贩洋船只始于雍正，盛于乾隆初年。"西南洋诸国咸来互市。福建对外贸易得到极大发展，寿山石雕刻品也成了出口的大宗商品，并且纳入海关征税范围。

据《厦门志》记载，雍正十三年（1735）议准的各关征收税条例中规定："寿山石器，百斤例八钱。图书石百斤、寿山石砚例四分。寿山妆台，每个例一钱。寿山石人物、坐兽，

图120

《厦门志》书影　清道光间刊本

88

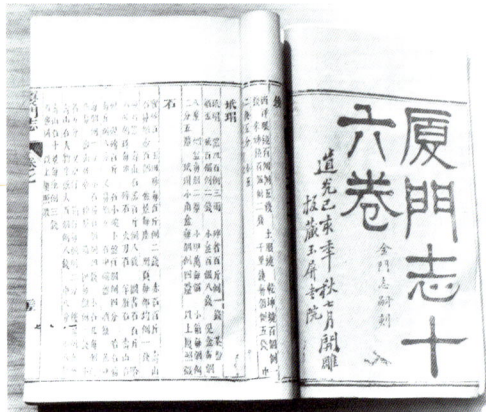

图120

大百个例八钱，中八分，小八厘。寿山石十（山）景，每座例三钱，石龟同。以上厦照征。"由此可见当时寿山石雕刻作坊已具相当规模，大批量出口以适应海外市场需求。（图120）

六、晚清寿山石雕艺术门派的形成

明代寿山石除大量用于制作印章外，还被文人雅士雕琢"山景"之类观赏艺品，供书斋案头摆设。台湾出版的《中华艺术丛书》（1984年版）中，介绍一件明代《三山紫微堂》寿山石雕（5厘米×8.5厘米），依石材自然形态，以高浮雕技法刻画一群白鹅嬉戏在溪涧之中，生动逼真，雕工精致，刀法娴熟。（图121）

已故收藏家林榕华先生生前曾珍藏一件明末清初寿山芙蓉石雕刻的"山水"（7.3厘米×5.4厘米×5厘米），底部潘主兰铭刻云："榕华得石，知是故京物，刻工亦佳。老友陈子奋有诗云：'路转山门见，悠然万虑空。四山钟声歇，浩浩听天风。'余谓：山造浑雄势，层林接远空。若将刀喻笔，大有石田风。癸亥三月，潘主兰勒记。"（图122）

发展到清康熙年间，寿山石雕空前兴盛，涌现出杨璇、周彬及其传人魏开通、王奭生等多位名师巨匠，他们以高超的技艺享誉艺坛。嗣者如康熙时的董沧门、许旭，乾嘉间的奕天、妙巷鉴，以及道光、咸丰之交的薛文藻和陈德滋等一批雕刻高手，他们也都为寿山石雕艺术的发展作出了重要的贡献。在清代早、中期，寿山石雕主要为宫廷皇家、达官贵人和士大夫阶层服务，就其艺术风格而言，尚没有明显的门派之分。

道光二十年（1840），英国发动侵略中国的鸦片战争，两年后，腐败的清统治者与英国

图121

图121
三山紫薇堂　石雕　明代
寿山石　5cm×8.5cm
原载《中华艺术丛书·中国文物·雕刻》
1984年台湾出版

图122
山水　明末清初
芙蓉石　7.3cm×5.1cm×5cm
（下）底部铭文拓片

图122

图123
浮雕"云龙"扁形章拓片　清代
7.5cm×6.6cm×1.4cm

潘玉茂作

图123

签订了丧权辱国的《中英南京条约》。

根据《中英南京条约》第三条款，清政府"开放广州、厦门、福州、宁波和上海五个通商口岸"。从此，福建的马尾港和厦门港作为最早与西方国家通商的地区之一，成了东南沿海大宗出口货品的主要集散地，进入商业繁荣时期。继后，又被迫签订《南京条约》的附件《五口通商章程》，给英国以更多的特权。

在这样的历史背景下，传统的寿山石雕也产生了新的变化，寿山石不再单纯地用于雕制印章和文玩艺品。同时，在雍正时期已经初具规模的出口贸易基础上，海外市场也得到了迅猛发展，日臻繁荣。在洋商的垄断之下，他们为了牟取高额利润，在外销石雕中曾一度出现如"春宫图""缠足女人裸像"之类黄色、低级趣味题材的作品，然而遭到广大艺人的抵制，终难成气候。

约在同治、光绪年间（1862－1908），在潘玉茂和林谦培两位著名寿山石雕艺人及其弟子们的努力下，继承杨（璇）、周（彬）优良技法，不断创新，自立体系，开创出近代寿山石雕的"东门派"和"西门派"两大艺术派系，并被后人尊为"开山鼻祖"。

潘玉茂，小名和尚，福建侯官县（今福州市）人，居凤尾乡。擅长雕刻印纽，学尚均法，精益求精，喜作浅浮雕纽饰，对博古、边纹及开丝均有很高的艺术造诣。他将技艺传授给从弟玉进、玉泉，兄弟三人共同创立"西门"派艺术风格。

"西门"派因从艺人员集中在福州府城西门外的凤尾乡而得名。以刻制印章、文玩品为主业，纽饰除圆雕兽纽外，还有浅浮雕、深刀雕、线刻以及平首博古图案等。依势造型，浑圆纯朴，刀法简练，不留棱角，注重传神，讲求手感。作品淳厚古拙，清雅逸致，适合收藏、把玩，表现手法细腻而富有内涵，体现出印纽艺术的魅力。因此博得金石鉴藏家们的青睐，达官贵人也附庸风雅，乐于与他们交往，甚至将艺人请到家中当秀工。潘玉茂、陈立昂等还在闽浙总督府衙门附近开设图章店，招揽官吏及京都来闽权贵的生意。（图123）

　　林谦培，字继梅，福建闽县（今福州市）人。石雕私淑杨璇，印章纽饰、圆雕人物无所不精。尤以表现神话、仙佛题材见长。刻画人物，体态微胖，备极传神，衣褶流畅，饰以阴线锦纹，画眉点睛，须发开丝染墨；雕制印章，取法宫廷玺印纽式，构图丰满，雕镂结合（图124）。他的得意门生林元珠，能承师法，雕艺精进，趁马尾港开放通商之机，在祖居地后屿乡收徒传艺，发展寿山石雕艺术。在短短的时间里，培养出以林氏家族为主体，以后屿乡为中心的庞大寿山石雕从业队伍，并迅速扩展到毗邻的横屿、樟林、上洋和秀岭等村庄。因其范围地处福州府城东郊，故有"东门派"之称。（图125）

　　"东门派"艺人大多是乡间的农民，雕刻寿山石成了这里的主要副业，依靠父传子、师带徒的形式传承技艺。产品大部分通过古董商出口销往日本、东南亚及欧美各国。品种丰富，题材广泛，除刻制石章外，更多的是各种人物、动物和花鸟等圆雕，供室内陈列观赏。作品精巧玲珑，矫健华丽，注重细部刻画，追求装饰效果。有些造型受木、牙雕刻工艺影响，大批量复制，并经仿旧处理后充作"古董"，以满足海外市场需求。

　　龚纶在《寿山石谱》中评介东、西流派代表人物潘玉茂与林元珠时说："（玉茂）能仿周法制纽，所谓兽头、博古、薄意以及开丝、雕边诸技，无不力争上游，卓然名家。又能为云烟灭没，开阖舒卷，亦有晚阳午敛，倒影林薄意致。同时林元珠，名亦与之埒。但元珠稍肥俗，工致盖相亚也。"

图124

抱子观音　清代

芙蓉石　林谦培作

图125

龙鱼纽长方章　清末民初

旧高山冻石　7.2cm×2cm×1.5cm

林元珠作

图124

图125

民国时期（1912—1949）

一、社会概况

清代末年，资产阶级民主革命运动迅速兴起，光绪二十年（1894）孙中山组织第一个资产阶级革命团体"兴中会"。革命党人先后发动的广州起义和黄花岗起义虽然都遭到失败，但也沉重地打击了清政府的黑暗统治。宣统三年（1911年）10月10日爆发的武昌起义取得胜利后，立即得到全国各阶层人民的响应，各省纷纷宣布脱离清政府独立。因为这一年为辛亥年，故称"辛亥革命"。

1912年元旦，中华民国宣告成立，各省代表选举孙中山为临时大总统。二月宣统皇帝逊位，从此结束了中国长达两千多年的封建君主专制统治。（图126）

由于中国民族资产阶级的软弱性和妥协性，刚刚成立的"民国"政权在内外反动势力的逼迫下，辛亥革命的成果被大地主阶级的代表和帝国主义的新走狗袁世凯窃取，依靠北洋军阀实行卖国独裁统治。当上大总统的袁世凯极力争取帝国主义的支持，妄图复辟帝制当皇帝，于民国五年（1916）元旦废除民国年号，改称洪宪元年，准备"登极大典"。这一卖国独裁的行径立即激起全国人民的坚决反对，八十三天的皇帝梦终告破灭。是年六月袁世凯死后，国家出现军阀割据和混战的局面，给人民带来无穷的灾难。

民国初建，临时政府颁布许多保护和奖励工商业的政策法令，采取一些扶助民族企业的措施，随着中国民族资本主义经济的发展，为中国工人阶级的形成与壮大创造了有利条件，无产阶级开始登上政治斗争的舞台。新文化运动的掀起，促使人们追求民主和科学，探索救国救民的真理，也加速了马克思主义在中国的传播。

民国十年（1921）7月1日中国共产党在上海诞生，中国革命进入了新民主主义时期。此后，经历了北伐战争、国内革命战争、抗日战争和解放战争，二十八年艰苦卓绝的革命斗争，终于

图126 孙中山像

在1949年推翻了帝国主义、封建主义和官僚资本主义在中国的统治，建立中华人民共和国。

二、民国初期，流派纷呈产销两旺

民国初期，政权更迭频繁，清王朝虽然不复存在，但皇族大臣、遗老遗少依然过着奢华的生活，玩赏寿山石的兴致有增无减。政坛新贵亦附庸风雅，千方百计寻觅寿山珍石，加上新兴的洋务买办、巨贾富商也看好寿山石的升值潜力，纷纷投资经营，一时间，各城市收藏队伍迅速壮大。同时，自鸦片战争后，中国自给自足的自然经济随之解体，被辟为"五口通商"之一的福州马尾港，历经数十年的发展，对外贸易已颇具规模，作为闽中特产的寿山石雕其海外市场不断扩大，出口量大幅增长。甚至连在封建时代帝王权贵专宠、价逾黄金的"田黄石"，也受到西方贵族的热捧。施鸿保《闽杂记》说："英吉利人近以重价求真'田黄石'，或言能制作带版及帽花，可以避兵。"陈亮伯《说印》亦云："初日本人以重价购鸡血昌化，今则西妇颇购'田黄'矣。"

在这样的经济背景下，寿山石开采业、雕刻艺术和海内外市场呈现出繁荣的场面。

1．寿山石探矿开采渐次发达

从民国成立到抗日战争爆发的二十多年间，寿山石开采业较晚清有较大的发展。民国二年（1913），原福州地区的闽县和侯官县合并成立闽侯县，县治范围与今福州市区相近。民国六年（1917）李厚基治闽期间，福建省财政厅曾对省内矿产资源进行一次普查，编成《福建矿务志略》一书。其中列"闽侯县寿山及月洋冻石矿"章，专述寿山石矿。

当时寿山石的开采仍然"尚承清世"，成为当地农民主要副业，于耕作之余，自发在田间、溪中挖掘或入山凿洞采石，人数视农事忙暇而异，数十乃至上百人不等。采石沿用传统开采五金矿旧法，开辟坑道共一百四五十处之多，唯深者数丈，浅者数尺，又往往因水患等原因被迫停工，一定程度上影响了产量。据《福建矿务志略》不完全统计，年产细石约三千斤，每百斤价50元至100元（大洋）。主要用于雕刻图章、文房器具（笔架、纸镇、笔筒和墨水壶等）、妇女饰品，以及神像、动物和花果之类室内装饰品。年产粗石约一万斤，每百斤价1.5元（大洋）。主要用于建材、石粉原料。年产石料材料约六万斤，每百斤1.2元（大洋），其中约三万斤销往日本，作为涂料、塑像以及工业掺和料。

新开发的矿洞和品种较晚清都有明显增加，除田坑、水坑外，山坑中高山、都成坑、月尾山、吊笕山、金山、柳坪尖、旗降山、九柴兰山、柳岭以及加良山等矿脉均全面产石，品种多达六七十种，更出现诸多名洞、名品，如：

嫩嫩洞高山石，又称"民国二高山石"。因民国二年（1913）所产品质最佳，故而得名。质地纯净通灵，可与水坑冻石相媲美。（图127、图128）

四股四高山石，系于民初由四户石农合股开采，故取"四股四"为洞名。石质较高山各洞所出略为坚硬细密，酷似都成坑石。

元和洞高山石，洞为民初陈元和开凿，所产石质细润，其中纯白者状如油脂，故而又有"油白洞"之称。

太极头高山石，矿洞位于高山峰北坡，排布如太极图像，因而得名。20世纪30年代出产石质最佳，晶莹坚洁，斑斓多彩。

琪源洞都成坑石，原有旧洞，石质并无特色，自20世纪30年代初易主黄琪源后，精品始出，石质晶莹温润，远胜都成坑石各洞，遂以"琪源"命名。至40年代中期洞废，佳石不复再出，流于世者寥若晨星，为藏家所宝。（图129、图130）

尼姑楼石，又名"来沽寮"，矿洞位于都成坑山旁，古时附近有座尼姑庵，因而得名。20世纪30年代曾出产一批精品，明洁通灵，质地在高山石与都成坑石之间，其中色黄而润

图127　民国二高山石（嫩嫩洞）矿洞旧址

图128　双螭衔芝纽椭圆章　民国
　　　　嫩嫩洞高山桃花冻石　6.2cm×3.3cm×1.2cm

图129　都成坑琪源洞旧址

图130　薄意"山水"对章　民国
　　　　琪源洞都成坑石
　　　　林清卿　作
　　　　福建博物院藏

图127

图129

图128

图130

图131 善伯老坑洞（民国）旧址

寿山石历史掌故 ◎ 民国时期

97

图131

者，似"田黄石"，唯肌里无萝卜纹，颇负盛名。

月尾绿冻石，指纯绿色的月尾冻石，早在清时已有出产，唯20世纪20年代初产量丰且品质佳。据龚纶《寿山石谱》记载："月尾绿，翠色能透明者佳，十年前石出特多，有四面平重至六七两者，皆鲜洁可喜。"

善伯洞石，又名"仙八洞石"，原为月尾山旧洞。清咸丰、同治年间有位名叫"善伯"的石农，在采石时因坍塌葬身洞中，后人畏而裹足，不敢入内。直至20世纪20年代黄其恩兄弟重行开采，始得佳石，遂取"善伯"为名。陈子奋《寿山印石小志》记述颇详："清咸、同间有石工善伯者，采石于此洞。洞陷，身没其中，于是乡人相戒弗敢往。比年以来，寿山之佳石殆罄，遂稍稍有问津者，因名其石曰'善伯洞'，俗又呼'仙柏洞'。"（图131、图132）

柳坪石，在清代已有少量开采，因石质粗硬，尚不著名。20世纪20年代王盛铨等石农大面积采石，产量丰富，价格低廉，适合雕刻石雕作品，遂著名于世。此后一直成为寿山石雕的主要原料，直至80年代后产竭。

大山石，位于寿山村北的柳岭深山之中，20世纪20年代因老岭及猴柴磹矿洞产石锐减，王盛章等石农始顺脉向纵深处寻得新矿点，取名"大山石"，寓"石出大山之中"意。所出石质近似老岭石，其中部分矿石含结晶状纹理，称"大山花坑石"，别具特色。

此外，尚有水坑鱼脑冻、天蓝冻和山坑艾绿冻、吊笕虎皮冻、猴柴磹豹皮冻，以及碓下黄、连江黄、虎嘴老岭等诸多名品，皆为藏家所重。

2. 流派竞秀，薪火相传

民国前期，寿山石雕在晚清形成的"东门"与"西门"两大流派的基础上，得以长足发展，英才辈出，艺术繁荣，流派艺术风格更臻成熟，达到了炉火纯青的境地。

潘玉茂三兄弟创立的"西门"艺术流派涌现出一批纽雕、薄意高手，其中陈可应、林清卿、林文宝、陈可观及陈可铣等人，最得印石鉴藏家的推崇。崇彝《说印补》评各地印石时说"闽人雕刻最工，故无不制纽者，石愈精佳，雕刻愈精"。

陈可应（1872－1941），福建侯官县（今福州市）凤尾人。早年拜潘玉进为师，专攻浅浮雕纽饰，刀法受族兄陈可驯影响，结合传统深刀技艺，创作梅雀、鹭莲及竹节等小品，清逸流畅。其技艺经门生林清卿发扬形成独具特色的薄意雕刻艺术。（图133）

林清卿（1876－1948），福建侯官县（今福州市）后洋人，居凤尾乡。自幼师从陈可应，继后改习中国绘画，民国初又弃画而攻石，致力于古代石刻、画像砖艺术的研究，汲取中国传统绘画养分，运用画理于石面，熔雕、画艺术于一炉，独辟蹊径，开创"薄意"艺术

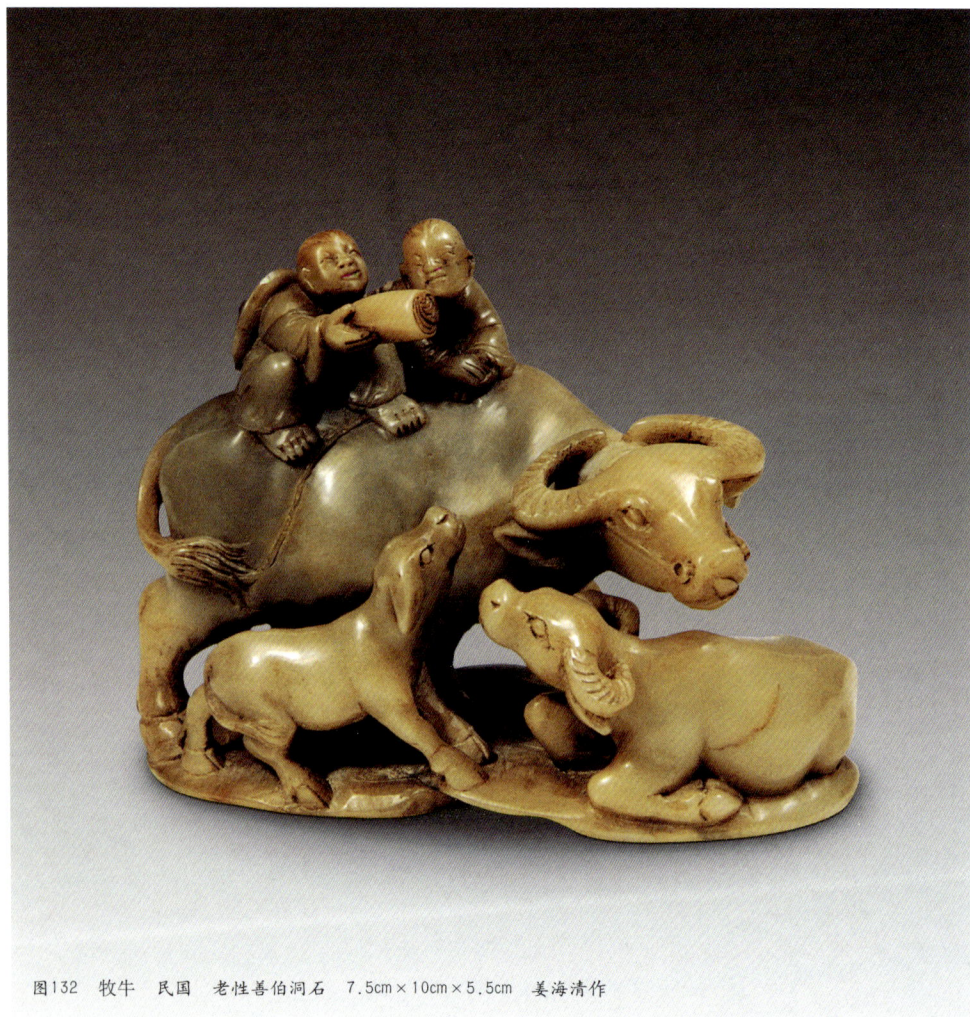

图132　牧牛　民国　老性善伯洞石　7.5cm×10cm×5.5cm　姜海清作

图133　浅浮雕"竹节"拓片　民国
　　　陈可应作

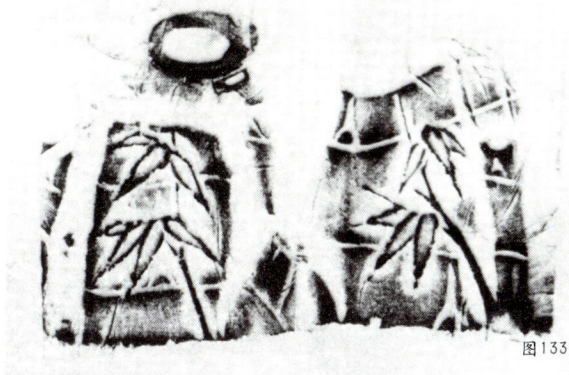

图133

新天地，其作品深得文人青睐，世人称之为"西门清"。

20世纪初，闽北著名画家熊文镛来榕举办个人画展，年轻的林清卿前往参观求教，出示薄意新作，熊文镛见后叹绝不已，赞道："以为铁笔画石，非吾毛笔画纸之所能及也。"并向其传授笔墨之功。龚纶《寿山石谱》称林清卿薄意"精巧绝伦，真能用刀如笔，在杨（璇）、周（彬）二家，别开生面者"。时林清卿已年近花甲，惜其法嗣者无人，而谦和恬退，不立声价。陈子奋《颐谖楼印话》评他的薄意"花卉之妩媚生动，虽写生家罕能及。山水竹木，亦静穆深厚。难得在利用石之病，而反见天然"。

林清卿虽一生不收授徒弟，但是私淑者颇众，其中能传其风格者有王炎铨、杨挺进和王雷庭等人。（图134）

林文宝（1883－1944），小名牛姆，福建侯官县（今福州市）人，居西门半街。师承潘玉进，擅长刻纽，造型古朴，风格超逸，被誉为"纽工一巨擘"，名重一时。

文宝制纽取材广泛，凡古兽、博古乃至禽兽、家畜、草虫皆可入纽，自成一格。陈子奋《颐谖楼印话》评他的印纽："狮、虎、鱼、龙绝肖古刻，博古仿佛钟鼎彝器之纹。尤以印顶尖圆斜扁之不同，依势肖形，俱能契古。"（图135）

陈可观（1890－1917），福建侯官县（今福州市）凤尾人。师承潘玉进，擅刻印纽，飞鳌、龙凤最富特色，偶作竹节、草虫小摆件，清逸雅致。可惜英年早逝，传世之作甚为罕见。（图136）

陈可铣（1895－1960），福建侯官县（今福州市）凤尾人。出身石雕世家，自幼受父兄艺术熏陶，喜好刻纽，初仿林文宝法，后又专事商周秦汉的钟鼎、玉器研究，遂形成自己的风格，作品以苍老古拙而扬名。

可铣制纽虽乏师承，亦不泥古，但能将传统技艺巧妙地应用在各种石章之上，完整地保留印顶原形，浑朴厚重，形神兼备。（图137）

100

图134
薄意"梅菊图"方章　民国
林清卿作
福州市博物馆藏

图135
兽纽对章　民国
黄旗降石
每枚5.8cm×1.3cm×1.3cm
林文宝作

图134

图135

　　林谦培、林元珠师徒开创的"东门派"艺术，以后屿乡为中心，在东门外农村中广招艺徒，短短的二三十年间，就发展为一支上百人的雕刻大军，后屿也赢得"石雕之乡"美名。该流派能工巧匠众多，遍布以后屿为中心的周边秀岭、樟林、上洋、蕉坑等乡村，有些艺人还在市区花园街、仙塔街、圣庙路、总督后以及龙山巷等处合伙租赁"栈房"，承接业务，从事雕刻。著名者有林元水、郑仁蛟和林友琛、林友枝、林友竹等人。

　　林元水（1876－1937），福建闽县（今福州市）后屿人。随堂兄元珠学习雕刻寿山石，工人物、古兽，尤喜刻制螭虎、鳌龙印纽。凡刻人物须发、海浪波涛，皆以尖刀开丝，接连不间断，精巧绝伦，被誉为"绝技"。（图138）

　　郑仁蛟（1881－1941），字家声，福建闽县（今福州市）蕉坑人。是东门派鼻祖林元珠的

图136
风竹甲虫　民国
巧色旗降石
陈可观作

图137
卷螭纽长方章　民国
竹头窝石　4.3cm×2.3cm×1.3cm
陈可铣作

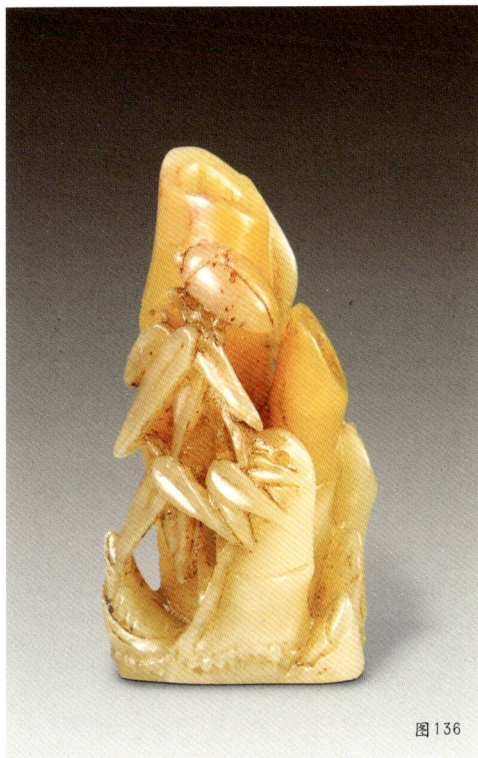

图136

图137

高足，但不落窠臼，大胆汲取木、牙乃至泥塑、陶瓷等姐妹雕刻艺术养分，丰富寿山石雕技法。擅长圆雕人物，作品以构思新颖，巧取俏色而著称，备受出口商欢迎，对后世寿山石雕刻艺术产生很大的影响。20世纪20年代在城内安泰桥旁开设"碧寿岩"寿山石雕店，收徒传艺。门人有黄恒颂、黄信开和王乃杰等人。周宝庭亦曾拜其门下，得到他的指导。（图139）

　　林友琛（1894－1970），又名有深，字谓承。林元珠次子，与堂弟友竹、友枝同为东门林氏石雕家族第二代传人。

　　友琛继承家学，深得真传，擅长印纽、人物圆雕，亦喜作薄意、浮雕，别具风格，因与林清卿同时著名于世，故有"东门清（深）"之称誉。在他传授的弟子中，以其三子林寿煁和周宝庭最负声名。（图140）

图138

图138
鲤鱼戏水纽椭圆章　民国
水晶环冻石　林元水作

图139
寿桃仙人　民国
10.8cm×3.8cm×2.8cm　郑仁蛟作

图139

图140
竹鹿　20世纪中期
林友琛作

图140

　　林友枝（1900－1954），福建闽县（今福州市）后屿人。林元水长子，自幼随父学艺，又得堂伯林元珠指导，继承寿山石雕"东门"流派家法，尤擅雕刻神兽及各种动物走兽，形态生动，刀法古朴，自成一格。（图141）

　　林友竹（1904－1952），福建闽县（今福州市）后屿人。林元水三子，初随父学艺，后拜郑仁蛟为师。擅刻圆雕人物，仙佛、仕女形象尤佳。创作石雕注重依势造型，充分利用石料天然俏色，以善于"量材取巧"而饮誉艺坛。

　　林友竹一生不但佳作甚丰，而且广收门徒，其艺术除传授长子炳生外，当代石雕大师郭功森、郭懋介、林发述、林元康等，均出其门。（图142）

3. 清末民初兴旺的寿山石市场

　　清代后期，全国各大城市的寿山石市场悄然兴起，进入民国后销路更加畅旺。北京琉璃厂在清时就已成为京都书画、古玩业的集结之地，清亡后，北洋政府仍以北京为都，琉璃厂生意依然兴旺。其中经营寿山石印章、珍雕负有盛名的有荣宝斋、德宝斋、英古斋、永宝斋、式古斋、德珍斋等古玩老铺和民初新开张的古光阁古玩处、永誉斋文玩处，以及会文斋、龙云斋刻字铺等。（图143）

　　荣宝斋前身为"松竹斋"，创建于清康熙年间，以承办科举试卷、经营南纸、文玩为主。光绪间改号"荣宝斋"，声誉日隆，成为近现代名人字画、木版水印、文房四宝和印章的老商号，独占京城古玩行鳌头。

　　晚清时掌柜张仰山学养深厚，擅长篆刻，与赵之谦等篆刻名家交往甚笃，鉴定印石亦精。（图144）

　　德宝斋，是由山西人集资于清道光末年在琉璃厂开办的一家老古玩店，至1945年歇业，历百年之久，门人众多。是清末民初北京古玩行中的一大门系，有"老山西房子"之称誉。

该古玩店以经营青铜器、古玉、印章、田黄石为主，专供王府、官僚、文人学士选购，曾为金石学家陈介祺"万印楼"征集大量印章，民国初少帅张学良也是这里的常客。印石收藏家陈亮伯在《说印》中说："甲午以后，余在德宝、英古两斋，续得田黄亦不少，尤以德宝为胜。"又云："余在德宝斋得一寿山大印，白腻若脂，甚伟观也。纽系一巨虎一乳虎，神态欲活。"

英古斋也是由山西人集资创办的文玩老字号，开业于清同治年间，至20世纪中叶歇业，历80余载，是琉璃厂经营文房四宝和玉石印章的权威商号，引来满清老翰林及北洋政府、南京政府高官光顾。

清末民初英古斋掌柜王德凤（字梧冈），是一位鉴定田黄、鸡血石章的权威人物。陈亮伯《说印》称：英古斋所藏多山西旧家物。并详述他与梧冈交往之事："海王村为都下晋人

图141
三羊衔芝　20世纪中期
旧高山石
3.2cm×4.8cm×5cm
林友枝作

图141

图142 牛郎织女 20世纪中期
      柳坪石 林友竹作

图143 北京琉璃厂街景新貌

图143

图142

图144 荣宝斋外景新貌

殖命之一部，有王梧冈者，曾售余田白印石六大方，每方重七八两，狮纽，工致异常，润腻如截肪，均有芦菔花纹，腠理缜密，云斑水晕，为生平仅见，篆刻'郑亲王宝'等字。"又云："梧冈售余辟邪纽'金裹银'田石一长方。……又于英古斋得一碧色寿山，若新茶之芽，纽系松树葡萄，鼠亦生动有姿致。"

永宝斋文玩铺开张于清光绪间，至20世纪30年代初歇业，系英古斋徒弟崔阶平开创，与琉璃厂德宝斋、英古斋同属山西襄汾　代的"山西屋子"派系，以经营字画、印章而闻名。

式古斋古玩铺于清光绪年间创立，至20世纪40年代初歇业。主要经营青铜器、玉石印章及文房器具，老板孙秋飙（桂澄）是两江总督的拜把兄弟，销售对象多为官僚政要，曾被推选担任京都古玩行商会会长。

印石收藏家崇彝《说印补》记："庚申（1920）岁余在式古斋买得田白长方一章，纽作伏体狻猊，满身芦菔花纹，云斑水晕，温润非常，断非鱼脑冻石可相混者，重至二两八钱，可称珍玩。"

德珍斋古玩铺于清光绪年间开业，至20世纪20年代歇业。经营者袁以德，河北人，饱读诗书，精通鉴定。崇彝《说印补》记："甲子、乙丑（1924、1925）间，余得诸德珍斋旧伙友张君翔石章一方，色作混白，周身水晕，制作精工，通体雕镂山水，似是一疵，然缔观却无丝毫裂墨（原注：音"问"，即瑕疵也），确是康、雍时制作，古稚可爱，但系长方形，非方印耳。"

古光阁古玩处，于民国初年开业，老板周希丁擅长篆刻，除经营古玩、印章外，还挂"周希丁篆刻处"牌匾，为客户篆刻。

永誉斋文玩处，由德宝斋门人李永康、李欣木于20世纪30年代初开设，主要经营田黄、芙蓉、鸡血等印石珍品及文具、古玩。顾客多数是清代遗老、文人学者和民国达官贵人。

与北京毗邻的天津，在国民政府成立之初曾一度成为清废帝溥仪及皇室、大臣的避居之

图145 民国时期福州鼓楼前街景

地，北洋政府的官僚政客下野、失宠之后也多在天津居留。大量宫廷珍宝和私家藏品随之流入这里的古玩市场。20世纪20年代初创办的劝业场内曾聚集多家经营寿山石的商铺。

自迁都南京以后，为满足高官巨贾们的送礼收藏需求，南京寿山石交易市场也开始活跃，不少福州的寿山石经营者看准这一难得商机，频繁往来榕宁之间，或租店设肆，或上门兜售，生意相当兴隆。抗战前的上海十里洋场，也是寿山石内销和转口的重要市场，城隍庙石肆较为集中。

在福州，经营寿山石印章及石雕的商店主要开设于民国时期福建省政府所在地的"省府路"和与其毗邻的福州城内中轴线上，北起鼓楼前门大街，南至中亭街一带闹市。（图145）

省府路古时又有总督口、总督埕和总督后等俗称，因为清顺治十八年（1661）朝廷设立闽浙总督署，衙府就建在这个街口，大门前埕有一大照壁，墙后街道供百姓通行，故而得名。延至民国时期，又成福建省政府机关驻地。数百年中一直是闽省的政治中心（图146）。正是由于这一特殊的环境，使这条长不盈里的小街成了古玩商、图章店的集结之地，寿山石铺鳞次栉比，多达20余家。或前店后坊，或雇工雕刻，或自产自销，形式多样。不少店主不但精于经营，并且擅长雕艺，有的还是经验丰富的鉴赏家。其中以西门派发祥地凤尾村陈氏家族所经营的"青芝田"历史最长，规模最大，分号也最多。

青芝田原为明嘉靖年间（1522－1566）创办的文玩铺，到清同治时（1862－1874）因经营不善易主陈立昂，并迁址总督府附近，改业专营寿山印石，集雕刻加工与鉴赏销售于一体，以独特的经营形式，博得高官显贵、文人雅士的青睐。陈立昂之后，青芝田由宗泽、宗堤和宗烈三个儿子分别以仁记、正记和义记分号继承，宗烈义记又号"陈寿柏"。至第三代宗泽长子可立创"吉乐斋"，宗堤长子可钟继承青芝田（正记），宗烈（陈寿柏）由三子可骆继承，而宗烈长子可驯则自立门户创立"怡庐"。第四代青芝田于20世纪20年代由可钟侄显灿接手（图147）。陈氏后人经营图章业并卓有成绩者还有："宗"字辈的宗士以姓名作

图146　民国时期总督路
口省政府大门

店号的"陈宗士"，宗藕的"品玉斋"和宗怡的"彝鼎斋"等。

　　"东门派"艺人在省府路设店者相对较少，著名商号有"马桢记"和"冯华记"两家。

　　马桢记为林元珠弟子，后屿人马桢藩于20世纪初开创。店址设于省府路，后迁斗中街，又迁达日街。主要销售寿山石印章和雕刻品，兼营古玩，瓷器，颇具规模。店后设作坊，请林元珠、林元庆等高手为其加工。至1941年福州沦陷后歇业。

　　冯华记为东门秀岭人冯峥华于20世纪30年代在省府路开设的图章店。店主早年拜郑仁蛟为师，学习石雕，亦工亦商，精于石品鉴定和艺术鉴赏，曾赴京、宁、沪、香港及朝鲜等地推销寿山石。

　　此外，省府路专营或兼营寿山石的店铺还有：刘继柱的"刘秀古"、郑家俊的"碧琳章"、李如山的"茂记"、何庆祥与黄依六的"恒记"，以及陈琛誉的"翠珍"等。

　　分设于榕城市中心的寿山石店有：

　　开设于鼓楼前的陈依其"点石斋"、陈可立"吉乐斋"；

　　开设于安泰桥前的陈安逸"陈祥记"；

　　原址省府路后迁南街花巷的郭茂桂"梅峰阁"；

　　开设于斗中街的朱梅峰"慎昌仁"等。

　　此外，尚有星罗棋布于花园街、仓前街、南后街、宣政路、延平路、上杭路，以及南门兜、双门前等处的石铺、栈房等，构成了榕城庞大的销售网。

　　福州的寿山石市场，发展到20世纪30年代，进入繁盛时期，店主们在扩展业务的同时，还重视与当地文人墨客、金石书画家结合，宣扬寿山石艺术。青芝田、马桢记邀请陈子奋等篆刻名家在店中挂单，接收治印业务，以提升印石的身价。彝鼎斋店主陈宗怡为龚纶、张俊勋编撰寿山石著作提供大量的资料，龚纶在《寿山石谱》"叙目"中说："其品类识别，则彝鼎斋主人陈宗怡口述而笔之。宗怡盖食于寿山石五十年者，其所称引，殆靡迷罔。而修辞主乎立诚，

图147 民国时期"青芝田"店主陈显灿像

固无敢为景响之谈，以疑误来者。"并将《石谱》的代售处设在彝鼎斋。张俊勋《寿山石考》序云："是书之作，余徇同邑陈宗怡之请。……其中说图、品藻两篇为陈宗怡、陈祥容所口述。"

福州寿山石商家还积极参与海内外各种展览活动，推销商品，提高商号的知名度。民国二十四年（1935）10月10日至11月28日台湾举办规模盛大的博览会，历时一个多月。与台岛隔海相望的福建省为阐扬地方特产，发展闽台贸易往来，也应邀参展。在展场南方馆内设"福建馆"，陈列53家著名商号筹集的精品万余件展出。省府主席陈仪亲往出席开幕典礼。寿山石经营商"马桢记"等精选一批印章、雕件参加。老板马桢藩还被推选为福建商界代表赴台现场拍卖。（图148）

民国二十六年（1937）2月，福建省立民众教育处在榕举办"美术作品展览会"，冯华记、马桢记、朱梅峰、陈宗士、陈心恺、沈丹甫、慎隆等图章店铺，组织石雕珍品近百件参加展出，获得各界好评。

三、专家学者，著书立说争相评研

1．中外地质学家的科研成果

在一百多年前，中国印章石独具的美质引起了西方科技界的重视，并对其矿质进行研究分析。1848年德国科学家温慕斯德（Waimstedt）认为中国出产的印石概分为：笔蜡石、绿霞石和块滑石三种；1858年美国学者蒲鲁士（Brusn）对我国寿山、青田两地出产的印石进行化学分析，认为二者矿质极相类似。

民国初年，我国地质学家也开始对向为收藏界所热捧的中国特有彩石——寿山石产生极大的兴趣，章鸿钊、梁津、叶良辅、李歧山等科研人员，分别从矿物学、宝石学角度，对寿

图148　1935年参加台湾博览会
福建代表在展馆前合影
左起第三人为马桢记图章
店老板马桢藩（小图）

山石进行产地调查、石质分析，并提出科学开采的建议，为寿山石的科研作出了重要贡献。

梁津《福建矿务志略》

《福建矿务志略》是一部介绍福建省矿产资源的专书，作者梁津，于民国六年（1917）由福建省财政厅刊行。书中卷五"矿产篇下"第一章"闽侯县寿山及月洋冻石矿"专述寿山石矿。内容分为位置、地势、当地情况、冻石之历史、地质、冻石之种类及名称、显微镜下检查之结果、化学性质、采掘及制作作法、产额及销场和将来之计划等11节。

梁津系民国初农商部选派福建省财政厅矿务科技术员。他在职期间深入寿山矿区考察调查，采集矿石标本40余种，并通过地质研究所逐一进行成分分析，从科学角度对矿区的地质、矿状、生成以及品种分类等作详细论述，并针对当时开采现状，提出规划建议，是一篇年代较早的寿山石科学考察报告，具有很高的学术价值。

章鸿钊《石雅》

《石雅》是我国近代一部重要的地质矿物学术专著，作者章鸿钊。于民国十年（1921）由中央地质调查所出版。全书共三卷，介绍宝玉、石类及金类的产地、名称沿革，运用大量古代文献，结合现代科学，"沟通古今，广资辩证"，开中国考古地质学之先河。民国十七年（1928）增订再版，易卷为编，分上、中、下三编计12卷。该书在"石·文玩第八卷"中列"寿山石"节，详尽论述寿山石的主要品种矿状、特征及化学成分、矿物成因。翁文灏在序文中写道："书中细致入微地描述了寿山石……此类研究均采用了十分精确之科学方法，从而为中国矿物学作出了独特贡献。"近一个世纪以来，《石雅》一直被文物考古界奉为经典。（图149）

作者章鸿钊（1877－1951），字演群，号爱存、半粟，浙江湖州人。光绪二十四年（1898）中秀才，宣统三年（1911）毕业于日本东京帝国大学，回国后经考试得格致同进士出身。民国初任职国民临时政府实业部矿务司，当选中国地质学会首任会长。解放后任中国地质工作计划指导委员会顾问、中国科学院专门委员等职。著作有《古矿录》、《石雅》和

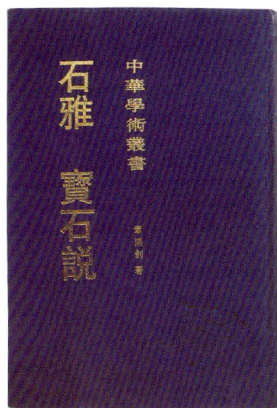

图149 《石雅》书影

《宝石说》等，是中国近现代地质专业创始人，被誉为中国地质大师。

陈文涛《福建近代民生地理志》

《福建近代民生地理志》（分上、下两册）是一部地方性地理志书，作者陈文涛，于民国十八年（1929）由福州远东印书局出版。该书卷下"第五篇·第一章"列"冻石矿"节，介绍寿山石品种、特色及用途。章末附"福州冻石矿业历史"。（图150）

作者陈文涛，福建福州人，民国期间任教协和大学，兼福建省建设厅编纂志书，一生著作颇多，有《实用伦理学》《福建近代民生地理志》和《福州市上下古今谈》等，内容多涉及福州乡土文化。文章重实用性，通俗性，"言必浅近，事旨翔实，挈领提纲，力求简括"。

李歧山《福建闽侯县月洋等地印章石矿调查报告及开采计划》

该份《报告》编入民国二十六年（1937）十二月福建省建设厅矿业事务所编印的《矿务汇刊》（第壹号）。

作者李歧山时任该所技术员，通过一个多月在月洋、峨嵋（今属宦溪镇）等矿区勘察调查，收集大量资料，以科学的态度编写而成。全文分引言、沿革、地形概述、地质概略、矿状总述、矿状成因、矿区分述、结论和开采计划等九节，这是历史上第一篇关于寿山峨嵋矿区的调查报告，具有很高的学术价值。

2. 三部专著奠定寿山石学理论基础

涉及寿山石的著述，始于清康熙年间高兆和毛奇龄撰写的《观石录》和《后观石录》两篇文章。继之，郑傑《闽中录》、陈克恕《篆刻缄度》、郭柏苍《闽产录异》等书志中，也都有关于寿山石的记载。这些宝贵的文献资料，对寿山石文化的发展起到了推动作用。

20世纪30年代《寿山石谱》《寿山石考》和《寿山印石小志》三部寿山石专著的问世，全面、系统、深入地对寿山石产地、品种、雕艺、鉴赏以及艺文等方面进行研究论述，为当

图150　《福建近代民生地理志》书影

代寿山石学科的创立，奠定了理论基础。

龚纶《寿山石谱》

《寿山石谱》是历史上第一部寿山石专书，龚纶编撰，民国二十二年（1933）九月出版，毛边纸大号铅字直排印刷，线装，开本规格为243mm×150mm，共50码，约15000字。

全书分名品、产地、征故和雕治四个部分。"名品"部分，介绍寿山石主要品类计36种，详述矿洞位置及其石质特征。以产地定名，附以俗称、雅号，较前后《观石录》那种"侔色揣称，穷形尽象，限于所观，无关讨证"的命名方法有根本区别，较《闽中录》《闽产录异》等书亦有新的发展。"产地"部分，作者认真考证历史文献，论述矿区地理位置及矿脉分布。"征故"部分，记载寿山石的开采历史和诗词文著。"雕治"部分，介绍古今石雕艺人事迹及寿山石开采、雕制方法。（图151）

作者龚纶（1903－1965），字礼逸，号习斋，以字行。福建闽县（今福州市）人。出身于书香门第，祖父龚易图，字蔼仁，清咸丰进士，官江苏、广东等省按察使、布政使，能诗画，擅篆刻，喜蓄寿山石，为闽中著名藏书家。龚纶在"自叙"中说："我先大父蔼仁公，工书画篆刻，喜蓄玩寿山石章。尝集手所刻治及朋好所篆印蜕为《乌石山房印存》，都四册，辄戏称曰：吾于艺事，虽薄有时誉，若拟诸东坡之评与可，则吾治印，斯为第一。书次之，画又次之。逮我先世父宜甫公，尤笃好斯石，尝自号曰：石邻。其趣旨概可想见。于时，世宇清晏，吾家居近北郭，凡寿山石农入城者，道所必经，物聚所好，搜致浸盛。"龚纶自幼耳濡目染，对寿山石分外钟情，在攻书习画之暇，致力于寿山石的研究工作，深入矿区实地考察，访问石农、石贾，广交石友，历数载终编成是书。（图152）

张俊勋《寿山石考》

《寿山石考》是稍晚于《寿山石谱》的一部寿山石专著。张俊勋编纂，民国二十三年（1934）三月由雅荷堂初版发行，福州宝华公司和上海西泠印社印刷。大号铅字直排印刷，

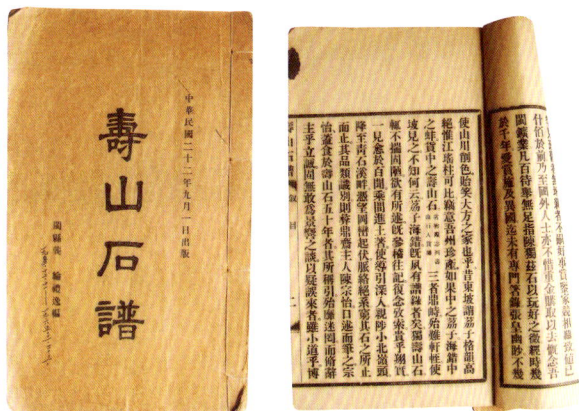

图151
《寿山石谱》书影
（左）封面
（右）内页一叙目

线装，开本规格为270mm×160mm，共84码，约2万字。

全书分说图、引胜、采产、品藻、雕纽、润色、辨似、征故、藏印、施篆十个部分，后附"杂记"和"闽中印人录"两节，卷首手绘白描"寿山石坑图"，示意各坑洞位置。内容、体例在龚纶《寿山石谱》的基础上略有扩大，计列寿山石主要品类50余种，另附省内外各地印石中易混寿山者十余种，对于不同石种的品藻逐一比较评述，并分别以神品、妙品和逸品为第次。（图153）

作者张俊勋（1910－1994），又名宗果，字幼珊。福建侯官（今福州市）人。早年毕业于福建法政学校，好诗赋，致力于文字学研究。年轻时常往寿山做客，访问石农，搜集资料，根据陈宗怡、陈祥容等人的口述，又同闽中藏石家叶润生商榷，编撰成书，内容丰富，不厌详言。后世中国香港、日本曾有翻印、转载，流传颇广。（图154）

陈子奋《寿山印石小志》

《寿山印石小志》是一部专述寿山印石种类材质的论著。陈子奋编撰，民国二十八年（1939）初出版。有大、小两种版本，铅字直排印刷，共33码，约15000字，分上、下两卷。上卷为田坑石、水坑石，下卷为山坑石，介绍寿山石品近80种，附录本省各县及各省出产印石19种。对每一石种的产地、矿状、色彩以及质地特征都作详尽介绍。张琴作序谓："余友陈意芗先生，精金石之学，尤擅治印，积日既久，见石渐多。又以家居闽中，石工往来滋谂，乃详考寿山石之源委，分类辨色，鉴别精审，著为《寿山印石小志》两卷，公诸同好。……意芗是作，可不朽矣。"（图155）

作者陈子奋（1898－1976），字意芗，号无寐。福建长乐人。是我国现代著名金石书画家，他在长期篆刻实践中，对寿山印石的品种鉴定和评价积累了丰富的经验和独到的见解，他曾在自序中说："顾世人恒偏于所好，重田黄而薄他石，爱旧藏而鄙新出。余窃以为未当也。"认为不同石种，各有所长，"何尝遽逊于田黄"。辨别石品，不单视其外观特征，更需从质地的松、结、硬、软加以判断。这些经验之说，对寿山石研究者具一定参考价值。（图156）

 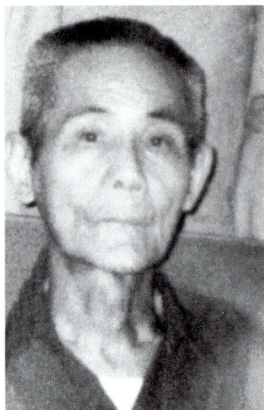 

图152　　　　　　　　　图154　　　　　　　　　图156

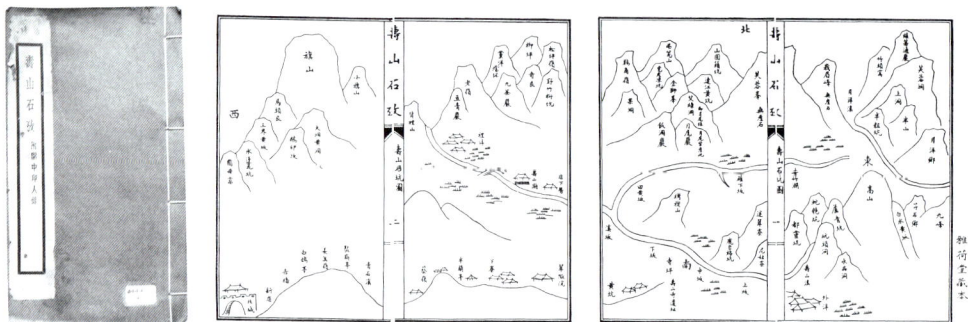

图153

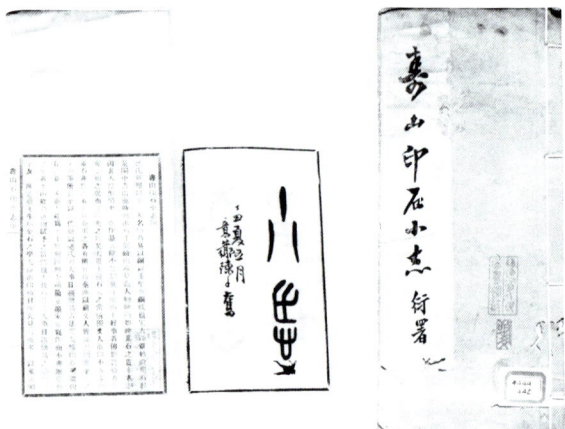

图152　《寿山石谱》作者龚纶像

图153　《寿山石考》书影
　　　　（左）封面
　　　　（右）"寿山石坑图"

图154　《寿山石考》作者张俊勋像

图155　《寿山印石小志》书影
　　　　（右）封面（左）内页

图156　《寿山印石小志》作者陈子奋像

图155

图157　1940年永安举办"福建省工商品展
览会"，图为参展商在展场合影

四、日寇侵华，行业景况一落千丈

民国二十六年（1937）七月七日，日寇侵犯卢沟桥，抗日战争全面爆发后，京、津、宁、沪各大城市先后沦为敌占区，仅仅两年，大部分国土沦陷，南京政府被迫迁都重庆。在此期间，交通阻塞，海路不通，内外销受到极大影响，寿山石雕行业市场一落千丈，景况凋敝。

在战争形势日益紧张的情况下，福建政府机关也于民国二十八年（1939）四月内迁永安县，榕城岌岌可危，经营寿山石的商铺纷纷倒闭，雕刻艺人为生计也被迫改行。或靠肩挑小贩，糊口度日；或当人力车夫，出卖苦力。

民国二十九年（1940）十一月，为振兴战时衰落的工商业，省政府建设厅筹办在原来仅有10万人的贫瘠县城，一跃成为战时闽省政治中心的永安，召开盛况空前的"福建省第一次工商品展览会"。组织全省200多种商品共1600余件展品，还邀请陈嘉庚、于右任等爱国知名人士到会祝词。寿山石界虽也积极动员，但仅有冯华记、马桢记两家尚能勉强维持开业的商号提供十数件图章及雕刻品参展。（图157、图158）

抗日战争期间，福州先后两次沦陷。第一次沦陷在民国三十年（1941）四月至同年九月，共四个多月。第二次沦陷自民国三十三年（1944）十月到翌年五月，长达七个半月。当国民党守军撤退之时，奉命破坏福州通往内地的公路交通线，闽侯大湖一带成了阻击日军的战场，地处北峰的寿山矿洞荒芜，行人裹足，穷山僻岭，几乎与世隔绝。在此期间，《中央日报》记者何敏先曾三度来这里调查，在形容艰难险阻的交通状况时说："令人闻而头痛的大湖区交通，不论由那一乡到那一乡，非上岭即下岭，且岭之高度，都是相当惊人。在平常跋涉已感到万分吃力了，最近再加奉命破坏，每条岭道总是腰斩百余段，像此次我踏遍八乡，在行程千里间，所走过的'独木桥'与'板透'亦不下千余处。"

图158　冯华记图章店老板冯坚华像

　　何敏先在所著《走遍林森县·闽侯县乡土特辑》（闽侯县于1943年曾改名林森县）中列"名扬中外的寿山石"一节，记述当时所见所闻颇详，说："珍贵的寿山石，在过去每块值十几块钱，如今则超出数倍，闻此石在重庆可售高价。"又云："（寿山石）最近产量很少，当我到该村调查时，该乡民众都说'好石很难找，但光景也不好……'卖石地点分两处，在寿山的前村，所售的多图章石，而相距里许的后村，则多制粗砚出售，目下兼操此副业者很少，走遍全村还没有几家，景况颇为萧条。"

　　抗日战争中的西南大后方，经济一度出现畸形怪象，官僚营私舞弊，贪污受贿，奸商投机倒把，走私贩毒，造成通货膨胀，物价飙升。一些歇业的石雕店主在内外销几近中断的困境中，为生计铤而走险，长途跋涉，到陪都重庆贩卖寿山石，称之为"重庆货"。虽能卖得好价，然而仍无法扭转每况愈下的衰败局面。

　　著名诗人、学者闻一多先生，当抗战进入最艰苦之时，随清华大学迁移昆明，在西南联合大学任教。1944年冬为挚友著名数学家华罗庚篆刻一枚寿山石印章，边款铭曰："顽石一方，一多所凿；风贻教授，领薪立约；不算寒伧，也不阔绰；陋于牙章，胜于木戳；若在战前，不值两角。"正是对当时腐败政府统治下的后方的尖刻讽刺。（图159）

　　对于寿山石在工业使用和雕刻艺术上的重要价值，日本侵略者早已垂涎三尺，民国初年即已大量进口寿山原石，侵占福州后，更是变本加厉，封山采石，疯狂搜刮资源。当第二次世界大战蔓延到香港及南洋群岛，海运封锁、寿山石雕出口贸易销路断绝之时，日籍古董商"南门春"趁火打劫，从上海转运一批貌似寿山石的韩国冻石（俗称"上海石"），以极为低廉的加工费雇工为其雕刻适应日本贵族需要的作品，称为"东洋庄"，大发国难财，而广大艺人依然流离失所，挣扎在饥寒交迫的死亡边缘。（图160）

　　福州第一次沦陷时，西门派名艺人陈可应和东门派石雕高手郑仁蛟因生活无着，相继饥饿而亡。民国三十三年（1944），榕城再次落入日军之手，曾名重一时、被誉为"纽工一巨

图159
1944年闻一多为华罗庚篆刻的寿山石章
（上）印文　（下）边款

图160
薄意花开富贵对章
20世纪40年代　韩国黄冻石
林清卿作　福建博物院藏

图159

图160

擘"的西门纽雕大家林文宝，也在贫病交加中惨死街头。

抗战胜利后，为恢复传统手工艺的元气，于民国三十四年（1945）十月，成立中国手工艺协进会，并在福州组织分会，业者重振旗鼓，寿山石产销曾一度稍有复苏。民国三十五年（1946），从业者增至近二百人，与战前相当，年产值六万多元，雕刻艺人年平均收入可达五六百元。但好景不长，内战又起，当反动政权行将崩溃之时，政治黑暗，经济萧条，货币贬值，民不聊生。寿山石行业再度跌入低谷，一蹶不振。至解放前夕，从事石雕者寥寥无几，寿山石雕行业已濒临人亡艺绝的境地。据解放初期1950年的调查，全业仅剩十余人，处于半停产状态，年产值折新币不及两千元。

新中国成立以来经年纪事（1949—2008）

一、解放初期

建国之初，党和人民政府十分重视具有悠久历史的传统手工艺行业的恢复与发展工作，提出"保护、恢复、提高"的方针。动员已经改行的艺人归队，重操旧业，招收徒弟，培养传人。

1950年4月，在工商、文化部门的配合下，福州首次举办"民间工艺展览会"。展出的寿山石雕主要由收藏家提供。期间，中央文化部华东行政区特派员来闽调查福建重点工艺品的历史与现状，协同省文化事业管理局深入民间征集珍品，筹办展览。

1951年初，福建省文化事业管理局主办第一届"全省民间艺术观摩会"，福州展品在上年办展的基础上增加补充，更为丰富。如已故薄意雕刻名家林清卿的寿山石"夜宴桃李园"印章，备受观众瞩目。同年，寿山石雕还被选送参加"华东土特产交流会"和"江西省物产展览会"等省外展览交流活动。

在1952年12月举办的综合性"福建省第一届美术作品观摩会"上，寿山石雕也有多件作品入选。其中郭功森《斯大林像》获得"四等奖"，授奖金12万元（旧币）。这是解放后寿山石雕获省级奖励的第一件作品。

中国美协常委会为了推动学习与研究民族古典美术和民间工艺美术的工作，决定于1953年7月在"创作委员会"中设立"工艺美术组"，以加强对全国工艺美术的领导。中央文化部也积极筹备举办全国性的"民间美术工艺品展览会"。为保证展品质量，华东区文化局派陈烟桥、邵贞萍和陈秋草三位画家来闽调研，发掘民间美术工艺品。

福建省文化主管部门为了全力配合办好这场建国以来首次规模盛大的工艺品展览，动员郭功森、林友琛、周宝庭、陈可铣和王雷庭等寿山石雕东、西门流派的名师参加创作，并以

图161
水牛群
黄恒颂作
（左）黄恒颂像

预付货款等形式在经济上予以扶持。还在7月间先期举办第二届"全省民间美术工艺品展览会"，展出作品1800多件，在短短的16天中，观众达6万多人次。经过专家评选，黄恒颂的《丰收母猪》等一批寿山石雕由政府收购，并选送参加11月在北京举办的"全国民间美术工艺品展览会"。

在各级政府的重视与扶植之下，陷于衰落状态的寿山石雕艺术也同全国各地手工艺行业一样，开始恢复生机。从业人数增至30多人，产值较解放初增长近10倍。艺人分散于城区花园路、仙塔街栈房和东郊后屿等乡村。

1954年，中国美协与中苏友好协会总会联合组织中国工艺美术品赴苏展览，并转赴东欧11个国家巡回展出。为筹集展品，中国美协秘书长郁风偕同中央美院教授袁迈、钱家祥等来闽指导创作。寿山石雕入选作品有：林寿煁《八鹅八燕笔筒》、《荷蟹水盆》和《群鹅》，郭功森《牧羊女》，黄恒颂《水牛群》（图161）、《群猪》，以及周宝庭《九螭穿环》等。其中，林寿煁《八鹅八燕笔筒》在莫斯科普希金博物馆展出期间，受到广泛好评，并获中国美协与省文联嘉奖。

中国美协为推动工艺品的生产与销售，择址北京王府井大街开设"美术服务部"，有计划地向各地采购、定制各类工艺品，积极组织推销，并向优秀作品的作者颁发锦旗、奖金和纪念章，以资鼓励。林寿煁、黄恒颂等六位石雕艺人榜上有名。中央美术学院华东分院还于1954年8月开办"第一期民间美术工艺研究班"，郭功森受推荐参加，在半年的学习期间创作了《草原上的人们》《喂鸡》等反映现实题材的石雕，刊登于《浙江日报》等报刊。（图162～图164）

过渡时期总路线公布后，福州郊区手工业办公室于1955年4月在素有"石雕之乡"美誉的后屿乡组织石雕艺人成立"福州市郊区寿山石刻生产小组"，首批组员16人（不久增至18人）。成员均为东门流派艺人，个人缴纳股金或按劳入股，产品主要由省文化局艺术科负责

图162
中央美术学院华东分院（现中国美术学院）
"第一期民间美术工艺研究班"结业留影
第三排右起第五人为郭功森

图163
喂鸡
郭功森作（《浙江日报》刊载）

图164
草原上的人们
郭功森作（《浙江日报》刊载）

图163

图162

图164

指导，并推荐中国美协"美术服务部"等单位收购（图165、图166）。继后，闽侯县手工业联社也成立一个"寿山石刻生产合作社"（该社社址最初设在福州北门井直街，1958年迁往北峰岭头乡，至1964年并入福州石雕厂）。

1955年10月，在新中国成立六周年之际，中央手工业管理局和全国手工业合作总社筹备会联合在京举办"全国工艺美术展览会"。主办单位拟将1200多件展品长期陈列，成为全国工艺美术窗口，寿山石雕参展作品以"石刻生产小组"为主提供。是年，寿山石雕还参加中国国际贸易促进会在日本东京、大阪等处举办的"中国商品展览会"，努力开拓海外市场。

在社会主义改造高潮中，原"郊区寿山石刻生产小组"于1956年初扩大成立"福州石刻工艺美术合作社"（后改名"福州市寿山石刻工艺美术生产合作社"），迁址福州市区西洪路，社员增至50余人，生产日趋兴旺。与此同时，以西门派印纽雕刻艺人和图章业商家为主体的"福州市鼓楼区图章供销组"也宣告成立，成员包括纽雕名家陈可铣、王雷庭、林训多和图章商铺青芝田、冯华记、陈寿柏等店主，共30余人（图167）。另外，台江石砚社、闽侯县寿山石砚合作社等寿山石文具生产组织也相继诞生，从业者逾百人。

3月5日，毛主席在国务院听取有关部门汇报情况时，对工艺美术作重要指示："我们民族好的东西，搞掉了的，一定要来一个恢复，而且搞得要更好一些。提高工艺美术品的水平和保护民间老艺人的办法很好，赶快搞，要搞快一些。"

1956年3月，在福州市人民委员会举办的"福州地方工业名牌货展览会"上，郭功森等的寿山石雕获"名牌奖"（图168），青芝田图章获"优质奖"；4月，在省文化局、省手工业管理局联合主办的"全省民间美术工艺品展览会"上，郭功森《红楼梦》获"一等奖"，林寿煁《双松八鹤》获"二等奖"。此外，尚有黄恒颂《母猪》、王乃杰《石榴盂》等5件寿山石雕获"三等奖"，陈敬祥《乳牛》、林元康《拾麦穗》等5件寿山石雕获"四等奖"；5月，北京故宫博物院举办"现代工艺美术展览"，王乃杰《石榴》等寿山石雕入选参展；8月，一批寿山石雕及印章被选作中共中央第八届代表大会赠送外宾的礼品。

1956年，福州市政府机关决定表彰一批身怀绝技、在社会上负有盛名的工艺美术工作者，并授予"艺人"荣誉称号。寿山石雕界有郭功森、周宝庭、林寿煁、黄恒颂、林友琛和陈敬祥六人荣获此称号。当年11月，"福建省民间美术工艺第一届老艺人代表会议"召开，郭功森、陈敬祥被推选为代表出席会议。在会上，郭功森担任主席团成员。

1957年7月22日，"第一次全国工艺美术艺人代表会议"在北京政协礼堂隆重开幕，这是我国工艺美术行业有史以来首次盛大集会。中共中央副主席朱德出席会议，并作重要讲话。他语重心长地勉励艺人们带更多的徒弟，把我国几千年来传统的工艺美术事业永远传承下去，使它越来越好。朱德副主席还接见全体代表，并参观了会议展出的2800多件作品。（图169）

郭功森作为寿山石雕代表参加这次盛会。他创作的《强渡金沙江》《百花齐放》和陈敬祥的《求偶鸡》被选作"艺代会"观摩展品。（图170）

122

图165

图167

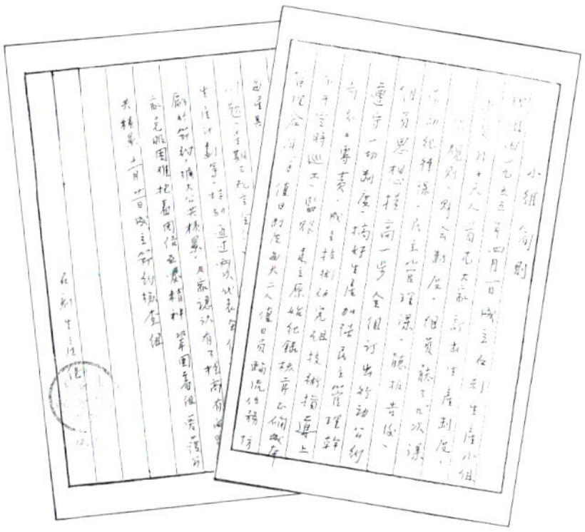

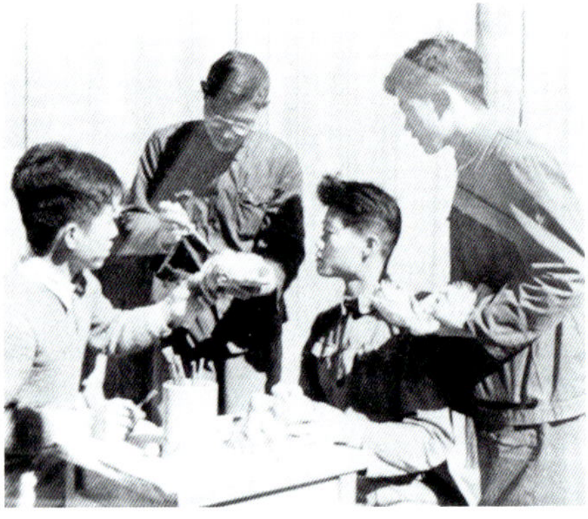

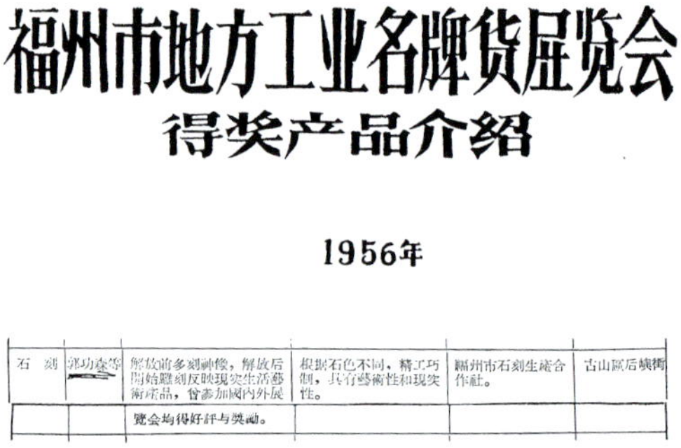

图166

图168

图169

图170

《求偶鸡》原称"鸡笼罩"，是青年艺人陈敬祥利用寿山石天然造型，运用镂空技法雕刻而成。作品表现一只关在笼里的母鸡，头倚笼边，与笼外一只颈毛蓬松、尾巴高翘的公鸡凝视传情，构成一幅富有浓郁江南乡村生活气息的画面。这件巧夺天工的石雕在"艺代会"上得到中央领导和专家们的高度评价，著名漫画家华君武先生还为作品起名《求偶鸡》。一时间《人民日报》《大公报》和《人民画报》等报刊争相刊载评介，使得《求偶鸡》声名远播，饮誉艺坛，成了那个时期寿山石雕的代表作。（图171）

这一年，聋哑艺人王乃杰创作的寿山石雕《和平到处时时青》在"中国1957年聋哑人美术品和手工艺品展览会"上获优秀作品奖，并被选送参加在意大利举办的"世界聋人艺术展览会"。

为适应迅速发展的寿山石内外销市场需要，1958年6月，"福州市寿山石刻工艺美术合作社"与"福州市鼓楼区图章供销组"合并成立"福州市石刻厂"（后更名为"福州工艺石雕厂"）。职工人数增至百余人，年产值比上年增长一倍多。企业不断开展创新活动，充分调动艺人的积极性。在当年省工业厅、文化局举办的"新产品、新工具观摩评比"会上，郭功森《华表台灯》，林元康《儿童菜园》《石雕面具》，冯久和《果盆》，林寿煁《荷花盂》和姜世桂《和合仙台灯》六件作品获"个人创作奖"。工厂生产的定型产品也首次参加在广州举办的"中国出口商品交易会"，接受外商成批量定货，扩大了出口外销渠道。（图172）

在农村人民公社化高潮中，矿业归集体经营，寿山成立农业生产大队，组织专业队开采寿山石。产量激增但品种相对单一，石种以大宗柳坪石、老岭石和高山石为主。与此同时，寿山叶蜡石开始应用于耐火工业，需求量远大于雕刻工艺用材。为适应矿山开发的新形势，铺设了自福州北郊新店至寿山长约30公里的公路，打开了沉睡千年的矿山，结束了自古以来靠背扛肩挑运输寿山石的历史。

图171　求偶鸡
（参加第一次全国艺代会展品）
陈敬祥作

福建省冶金工业厅自1959年开始组织地质队对寿山矿区进行矿藏普查评估，历年余结束野外作业，共勘探500米，采样400多个。经专家评估，认为寿山叶蜡石矿质优，储量大，具有广阔的开发前景。

在中华人民共和国成立十周年这普天同庆的大喜日子里，作为民间工艺大省的福建，一方面积极选送精品参加在北京故宫举办的"全国工艺美术展览会"，同时还精选近千件工艺珍品在北京团城单独举办一次"福建工艺美术展览"，自8月下旬开幕后，广受首都各界人士和来京参加国庆庆典的世界各国来宾好评。应各地观众要求，展览四度延期，直至年底才结束，接待海内外观众达十余万人次之多。展出期间，朱德、刘少奇、董必武等党和国家领导人先后前来参观，朱德、郭沫若还为展会题词、赋诗，留下墨宝。朱德题词："日新月异，精益求精。"郭沫若诗云："手下运东风，放出百花红。劳心结劳力，精巧夺天工。"

参展的寿山石雕中，郭功森《九鲤连环卣》、陈敬祥《求偶鸡》、周则斌《水果篮》、冯久和《丰产母猪》，以及姜世桂《渔业丰收》等最得专家青睐。《人民日报》《装饰》等报刊作专题评介。专家著文称："《水果篮》是利用石头巧色的绝妙作品，鲜红的荔枝，晶莹的荔肉、白藕，黄色的枇杷和佛手，荟萃在一块石头上各尽其妙。《丰产母猪》在一尺长、六寸多高的黑色石上雕刻20只猪仔。肥大健壮的母猪立在当中，神态安详，垂颈低唤，小猪应声跌搏而来，生动活泼，充满生活气息。"

办展期间，适逢北京十大建筑之一的人民大会堂落成，郭功森《九鲤连环卣》和陈敬祥《求偶鸡》被选为大会堂"福建厅"的陈列品。（图173、图174）

《九鲤连环卣》作者郭功森选用旗降石为原料，雕镂一尊由九条鲤鱼图案组成的"卣"身，盖下两边各有一条由26环连结起来的长链，大胆的设计令观者叹为观止。陈敬祥创作的《求偶鸡》亦采用优质旗降石为材料，高36厘米，宽46厘米，厚25厘米。在原创"鸡笼罩"镂空技法的基础上，更臻成熟。

古老的寿山石雕艺术自新中国建立后，经过十年的长足发展，进入了黄金时期，在国内外产生了一定的影响。

1960年6月，福州工艺美术主管机关重新调整、评定艺人的技术等级与级别。郭功森、林寿煁为"一等一级"，周宝庭为"二等一级"，林友琛为"三等二级"，陈敬祥为"三等一级"，另新授王乃杰为"三等一级"艺人，并分别提高了艺人们的工资待遇。

在自然灾害严重，经济暂时困难的时期，党和国家领导同志十分关心寿山石雕的发展和艺人的生活。1961年2月，来闽视察工作的全国人大常委会委员长朱德、中共中央总书记邓小平，先后到福州工艺石雕厂与艺人亲切交谈，了解寿山石及其雕刻的历史渊源和艺术特色，询问生产、销售，以及艺人们的生活、传艺等情况，倾注了老一辈革命家对寿山石雕这

图172　罗汉（出口石雕产品）林炳生作

图173　北京人民大会堂"福建厅"内景
　　　　（屏风前几案正中陈列郭功森《九鲤连环卣》）

图174　求偶鸡　陈敬祥作
　　　　北京人民大会堂"福建厅"陈列品

图173

126

图174

一富有地方特色传统工艺的关怀与期望。在这段时间里，董必武、徐特立、谢觉哉等中央首长也到曾福州工艺石雕厂参观。

　　1961年，在福建省工艺美术实验厂（场）从事创作的林发述，被授予"艺人"称号（图175）。至此，获得"艺人"称号的寿山石雕名师共8人，除黄恒颂于1958年去世外，其他7人由省工业厅颁发证书。

　　同年夏季，"福建省工艺美术展览会"再度在北京团城举办，征集了民间收藏古旧工艺珍品和艺人新作数千件，其中包括经中央对外联络委员会挑选的出国办展的展品。国家副主席宋庆龄前来参观并题词："百花齐放，各有千秋。"在近一个月的展出期间，全国人大常委会副委员长郭沫若两次到会欣赏琳琅满目的工艺品，高兴地说："又来饱餐眼福了！"并题词云："八十六种，齐放百花。春来手下，香遍天涯。"

图175　福建前线女民兵
　　　　旗降石　林发述作
　　　　福建省工艺美术珍品馆藏

图176　郭沫若在福州工艺石雕厂观赏
　　　　寿山石章

图175

在毛泽东《在延安文艺座谈会上的讲话》发表20周年之际，中央文化部和中国美术家协会于1962年5月在北京中国美术馆隆重举办一场大型的"全国美术展览会"，这次展会首次将工艺美术作为一个单独门类陈列展出。寿山石雕入选作品有郭功森《活链花篮》、林元康《兄妹俩》和周则斌《水果盆》等。在这一年"秋季中国出口商品交易会"上，又有林寿煁《群仙祝寿》和陈敬祥《群鸡》等寿山石雕获"艺术创作奖"。

1962年11月，全国人大常委会副委员长郭沫若到福州工艺石雕厂参观，还特意到车间与老艺人林友琛亲切交谈，了解寿山石的品种和雕刻流派的传承，称赞"寿山与青田是我国石雕艺术的一对姐妹花"。（图176）

1963年开春，"福州市工艺美术品"在京办展，全国人大常委会委员长朱德和聂荣臻、薄一波、谭震林、谢觉哉等中央首长都到会参观。刚从福建返京的郭沫若更是以极大的兴致多次偕同夫人前来欣赏，并赠诗题词数幅。其中有："八闽是我故乡，去年我曾来。工艺允称精绝，一年一度花开。"书毕，郭老对工作人员说："我的祖籍是福建汀州，十代前族人仍住宁化石壁村，所以诗中才有'八闽是我故乡'句。两个月前游闽时有幸认识林友琛等福州老艺人，学到不少知识，还买到一方田黄石印章。今天参观展览，去岁情景历历在目。希望每年都能看到你们的新作。"一席话博得在场所有人的热烈掌声。（图177、图178）

经过多年的对外展览宣传和出口商品交易会的积极推销，到了20世纪60年代中期，寿山

图177　郭沫若在京参观"福州市工艺美术展览会"

石雕的出口贸易进一步扩展，产品远销日本、东南亚以及欧、美、澳等20多个国家和地区。据福州市经济委员会的一份调查报告称："寿山石雕外销潜力很大，国际容纳量一年可达人民币60万元左右。"为了适应海外市场不断发展的需要，扩大从业队伍势在必行。骨干企业"福州工艺石雕厂"大量招收学徒，工艺美术院校也向寿山石雕行业输送专业人才，还先后将原区属"寿山石章生产小组"和原属北峰公社管辖的"石雕生产小组"并入福州石雕厂。加上亭江、樟林等城乡社、队兴办的石雕加工场组，至1965年，从事石雕的人数达500人左右（图179）。福州市外贸主管部门还专门成立"工艺品进出口公司"，经营出口业务。

二、"文革"时期

1966年夏，"文化大革命"全面发动。8月23日，一队"红卫兵"到福州工艺石雕厂"破四旧"，大批石雕产品被销毁，传统题材的作品被迫停止生产，企业一时陷入半瘫痪状态。随之在开展对"封、资、修"的大批判中，寿山石雕《求偶鸡》成了反动作品的典型，被造反派诬篾成"为彭德怀翻案"的大毒草，说：这件石雕笼中的那只母鸡代表的是右倾机会主义者，而笼外正在鸣叫的公鸡正是为其喊冤叫屈的"走资派"。

为维持生计，艺人费尽脑汁以牛、羊等动物造型取代螭、龙等神兽印组，用儿童妇女形象取代仙佛仕女题材，然而此类作品一时难以被客商所接受，造成产品积压，企业困难。1969年创作设计人员"移植"名噪一时的泥塑《收租院》雕刻一组寿山石雕在广交会上展出，虽得好评，却难以得到批量定货。1970年，福州石雕厂只好缩小规模并与同样处于困境的福州木雕厂、福州牙雕厂合并组建"福州雕刻厂"，寿山石雕编为"车间"建制。

全国工艺美术界普遍存在的问题，得到中央领导同志的高度重视，周恩来总理适时提出"工艺美术题材应该'内外有别'，除了反动的、黄色的、丑恶的以外，都可以组织生产和出口"的原则，并决定在1972年9月举办新中国成立以来规模最大的"全国工艺美术展览会"。这一重大决策给寿山石雕艺人以极大的鼓舞，他们克服种种困难，在短时间内创作出一批精品，经选拔有42件送京参展。其中，冯久和《花果累累》、陈敬祥《群鸡》、方宗珪《镶嵌博古花果六扇大围屏》（图180）、林发述《鱼游海树》（图181）和林炳生《活链花篮》五件作品被国家收购珍藏。

《花果累累》是选用重达60多公斤、色彩丰富、质地纯洁的高山冻石为材料。作者巧妙利用天然石色变化，镂刻一颗颗红丹丹的荔枝，一串串青翠欲滴的葡萄，其间配以花生、枇杷、石榴以及各色鲜花，构成一座艳丽丰盛的花果篮，备受观众的青睐和专家的好评，还被选刊在轻工业出版社、外文出版社联合出版的大型画册《中国工艺美术》的封面上。《人民

129

图178　郭沫若题赠"福州市工艺美术展"诗

图179　樟林石雕厂成立一周年师徒合影

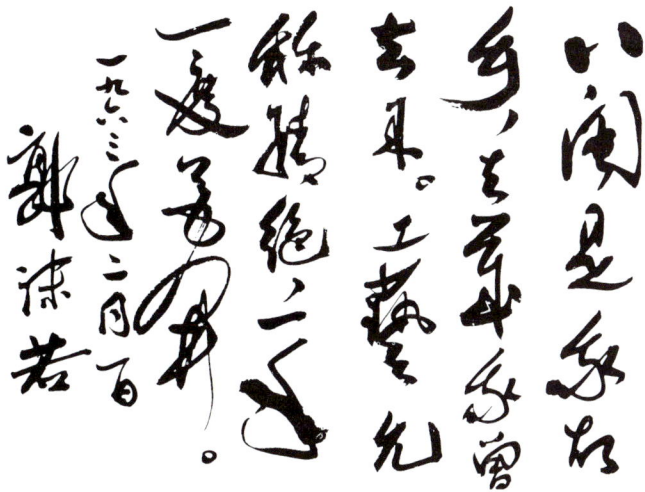

图178

图179

图180
寿山石镶嵌博古花果六扇大围屏
方宗珪设计

日报》刊载青平文章，赞扬这件石雕"是花卉、瓜果传统题材推陈出新的佳作"。（图182）

　　1973年，"全国玉器、石雕经验交流会议"在江苏扬州召开，寿山石雕艺术得到与会专家的高度评价，也引起中央有关部门的重视。国务院批转外贸部、轻工业部《关于发展工艺美术生产问题的报告》下达后，轻工业部决定拨款筹建寿山石矿山基地，开通寿山村至高山、柳坪等处矿洞的公路。地质部门对宦溪峨嵋叶蜡石矿也进行勘察，探明该矿工业储量为600万吨，居全国首位。其中一级品为200万吨，矿质优良，开采方便，具有广阔的工业应用前景。矿区所在地宦溪公社峨嵋大队也自筹资金，组织采石副业队开发芙蓉石、峨嵋石等雕刻石种和叶蜡石工业用材。

　　同年8月，为纪念中日建交一周年，在日本东京举办的"中国工艺美术展览会"上，寿山石印章、文玩品备受日本友人欢迎。是年，北京人民大会堂增设"台湾厅"，林发述《花果舟》等寿山石雕被选作厅内陈列品。

　　20世纪70年代初，寿山石雕开始重现曙光。郭功森《百花迎春瓶》林发述《雏鸡》等作品在澳大利亚、新西兰展出时，受到国际友人的广泛好评。《百花迎春瓶》刻画春花绽放，蝴蝶飞舞，环绕古瓶，寓意深长。当地媒体评其"运用俏色恰到好处"；《雏鸡》作者相形度势，表现雏鸡破蛋而出的生动情景，巧妙地将石材中的筋格、瑕疵化为蛋壳的裂纹，化弊为利，反见自然。美籍画家方君璧来闽访问时，见到陈敬祥平反后重新雕刻的《求偶鸡》赞叹不已，返美后在纽约《群声》报发表《谈艺术》一文称赞道："中国的艺术家真高明。"

　　为纪念中国工农红军长征胜利四十周年，1975年初，福州雕刻厂成立由林廷良、林元康、林寿煁、郭功森、林发述、施宝霖等组成的《长征组雕》创作小组。在福建省委和福州军区领导同志、老红军的支持与帮助下，创作人员沿着当年红军长征的路线深入到遵义、泸定和延安等革命纪念地体验生活，数易其稿，共花费9000多工作时，于当年秋天完成《遵

图181　鱼游海树　巧色高山冻石　林发述作

图182
大型画册《中国工艺美术》封面：
冯久和作寿山石雕《花果累累》

132

义》《巧渡金沙江》《飞夺泸定桥》《过雪山》《突破腊子口》和《延安》六件寿山石雕刻
而成的大型组雕。此后，又在中央军委负责人罗瑞卿的提议下，补充一件《过草地》石雕，
使作品能更加全面地再现当年红军长征的场面。

　　同年10月15日，中央人民广播电台在各地联播节目中，全文报道新华社题为《福州雕
刻厂工人为纪念红军长征胜利四十周年，创作大型寿山石长征组雕》的文章。翌日，《人
民日报》及全国40多家报纸纷纷转载，赞《组雕》给古老的雕刻艺术增添了新的光彩，是
福建省工艺美术创作上的又一组新花。这组珍雕于1977年由北京中国人民军事博物馆收
藏。（图183～图190）

　　在1976年"第39届中国出口商品春季交易会"上，寿山石雕成了客商的抢手货，尤其石
章、镇纸之类文房用品最受日本欢迎，需求量甚大。而东南亚及欧美则对奔放多姿、生动传神
的骏马造型分外钟情，称赞其色彩古朴透亮，刀法雄劲，观后有"斯须九重真龙出"的感觉。

　　粉碎"四人帮"后，艺人们缅怀毛主席光辉战斗的一生，于1977年创作一组运用薄意传
统技法雕制的《东方红组雕》。作品由薄意雕刻名师王雷霆主创，充分利用寿山石天然色彩
和纹理，细致地刻画九处毛泽东曾经战斗、生活过的革命圣地。著名美术家雷圭元在《北京
日报》发表《春风送暖百花盛开》一文说："在《东方红组雕》面前，我觉得既面熟，又新
鲜。所谓面熟者，是福建艺人在寿山石上运用了传统技法，这是已经多年没有见到的技法
了。所谓新鲜者，是艺人在十块寿山石刻上，表现十处革命圣地的景致。这组石雕利用寿山
石固有的形状、色泽，略施刀笔，一气呵成，适当而巧妙地将革命胜地的景色刻画得酣畅饱
满，淋漓尽致，是一幅幅白描，也是一首首朴素的民歌！"

图183 艺人精心雕刻"长征组雕"

图184 长征组雕之一——遵义

图185　长征组雕之二——巧渡金沙江

图186 长征组雕之三——飞夺泸定桥

图187　长征组雕之四——过雪山

图188　长征组雕之五——过草地

图189　长征组雕之六——突破腊子口

图190 长征组雕之七——延安

三、改革开放三十年

在党中央、国务院的亲切关怀下，经过充分筹备，显示我国工艺美术新面貌的"全国工艺美术展览会"于1978年2月22日在北京中国美术馆开幕。展品数量之多，质量之高，品类之全，技艺之精，胜于历届。王雷霆《东方红组雕》、周宝庭《石章百纽》、阮文钊《螃蟹荷花》和冯久和《香果盆》等20多件寿山石雕新作参展。2月27日晚，中共中央副主席邓小平参观时赞扬《花果盆》"俏色用得好"。

专家评价《东方红组雕》石质好，颜色丰富，浑厚自然的原石外形配上雕工难度极大的浅浮雕，影影绰绰，确有远看形色、近看雕工的效果。《螃蟹荷花》是一件以巧用原料取胜的好作品，白叶黑蟹，黑白分明，雕刻精致，意趣横生，在寿山石雕中，甚为罕见。

为期四个月的"全国工艺美术展览会"迎来了"文革"后工艺美术灿烂的春天，也激发了广大寿山石雕艺人的创作热情。为纪念红军入闽和古田会议五十周年，福州雕刻厂成立由林元康、郭功森、陈锡铭、阮章霖、王雷霆、刘爱珠和林发述组成的《红色闽西组雕》创作组，利用七块寿山高山石分别雕刻《才溪模范乡》《长汀长岭寨》《龙岩新邱厝》《蛟洋文昌阁》《上杭临江楼》《古田会址》和《福音医院休养所》等七处土地革命时期毛泽东、朱德和周恩来等老一辈革命家在闽西革命斗争时的旧址及革命纪念地。

在创作期间，得到来厂参观的全国人大常委会副委员长阿沛·阿旺晋美、胡厥文，全国政协副主席康克清、胡子昂等中央首长和中国美协副主席华君武，中央美术学院副院长刘开渠、雕塑家钱绍武的鼓励与指导。华君武题词："向民间艺术家学习。"（图191）

该组雕自1978年5月开始创作，至翌年3月完成，共花费8000多工时。这组石雕参加"福建省革命文物展览"时，广获好评，后由福建博物馆收藏。（图192～图198）

图191 华君武参观《红色闽西组雕》
后题词："向民间艺术家学习。"

在此期间，寿山石雕行业的供、产、销都出现了前所未有的面貌。寿山石矿通过地质勘察，探明寿山石区域叶蜡石储量为499.1万吨，峨嵋区域叶蜡石储量为607.8万吨。矿藏丰富，品质优良，开发前景广阔。当地政府积极组织采矿队伍，采用新技术，提高产量。年产优质高山石近30吨，雕刻与陶瓷用叶蜡石近千吨。

此外，宦溪矿石厂还出产峨嵋叶蜡石约百吨，其中质优者也是雕刻的好材料。雕刻队伍迅速扩大，除"文革"期间改行的专业人员归队外，还招收徒工和发展社会加工厂，从业人数达300多人，年产值150多万元。在秋季广交会上，恢复了"文革"中被禁锢的传统题材出口，成交额大幅增长，显示了中国发展外贸的新起点。寿山石雕成了客商们争相选购的热门货，远销中国香港、日本、新加坡、美国、法国、意大利以及智利等20多个国家与地区，成交量达60多万美元。与此同时，国内的旅游纪念品、工艺品市场也有新的发展。1978年11月，福州作为东道主举办"全国内销、旅游工艺美术品交流会"，展示27个省、市、自治区的四万七千多件工艺精品，获得大批量定货。（图199）

1978年12月，党的十一届三中全会作出把全党工作的着重点转移到社会主义现代化建设上来的战略决策。中国进入改革开放的新历史时期。

1979年初，"中国工艺美术展览会"在日本东京举办，这是建国以来在国外举办的最大型工艺美术展，展场面积2600多平方米，展品3300余件，展期12天。共接待东京和来自九洲、四国、北海道等地的观众60多万人次。闭幕后又应日方要求"移师"大阪展出一周。在这次盛展中，冯久和《花果累累》、周宝庭《寿山石章》、林发述《鱼游海树》、林寿煁《山村》和阮文钊《螃蟹荷叶》等18件寿山石雕入选。其中，利用色彩丰富、重逾百斤的巧色高山冻石刻成的《花果累累》被称为"人间国宝"，饮誉日本艺术界。

1979年8月8日，"全国第二届工艺美术艺人、创作设计人员代表大会"在北京召开。这是继1957年以来工艺美术界的又一次群英会。会议期间，中共中央副主席李先念作重要讲

图192　红色闽西组雕之一——才溪模范乡

图193 红色闽西组雕之二——长汀长岭寨

图194　红色闽西组雕之三——龙岩新邱厝

图195　红色闽西组雕之四——蛟洋文昌阁

图196　红色闽西组雕之五——上杭临江楼

图197　红色闽西组雕之六——古田会址

图198　红色闽西组雕之七——福音医院休养所

图199　交易会上外商争购寿山石雕

话，党和国家领导人华国锋、叶剑英、邓小平等同志接见全体代表。寿山石雕老艺人郭功森参加会议并作题为"继续长征迈大步，誓为四化多贡献"的发言。

在会上，国家轻工业部向34位技艺高超、贡献突出的艺人授予首届"工艺美术家"荣誉称号（后改称"中国工艺美术大师"），郭功森获此殊荣。

郭功森（1921－2004），福建闽侯县（今福州市）人。早年跟随林友竹学艺，又得当时寿山石雕名师林清卿、郑仁蛟指导。1954年曾在中央美术学院华东分院（今中国美术学院）"第一期民间美术工艺研究班"深造。继承"东门"派传统石雕艺术，不断创新。作品紧密结合现实生活，反映新题材，构思新颖，刀法细腻，以人物、山水和花鸟见长。主要作品有《九鲤连环卣》《竹林七贤》《武夷风光》和《百花争艳瓶》等。著有《寿山石雕浅谈》《林清卿薄意艺术》。（图200、图201）

在改革开放的大好形势下，寿山石雕得以长足发展。寿山石农也开始个体凿洞采石，宦溪社办"矿石厂"，开采峨嵋石，年产达300多吨。同时，还对芙蓉、半山等旧洞进行勘探，恢复开采。雕刻企业除骨干工厂"福州雕刻厂"外，还新增了罗源雕刻厂、马江石雕厂、樟林石雕厂，以及古二石雕场、凤坂石雕场等社、队加工场组。福建省工艺美术实验工厂复办后也集中部分石雕艺人进行创作。至此，从业人数达400多人。福州雕刻厂"金桃牌"寿山石雕还获得"福建省优质产品""福建省著名商标"荣誉称号。

1980年3月，福州雕刻厂与上海书画社在"朵云轩"联合举办"寿山石章展"。这是历史上第一次以寿山石为专题的展览，展出前代制钮名家林元珠、林文宝和林清卿的遗作和现代石雕艺人周宝庭、郭功森、林寿煁的大批精美印章。展览期间，上海篆刻家与钮雕艺术家进行座谈，方去疾、韩天衡等高度评价寿山印材的品质与钮饰艺术。10月，为适应经济发展新形势，福州雕刻厂实行体制改革，组建"福州雕刻工艺品总厂"，原石雕车间升格为"福州石雕厂"，行政隶属总厂，经济独立核算。

图200　郭功森像及轻工部颁发的荣誉证书

这年金秋时节，在广州举办的一场福州市工艺美术"展销会"上，一块高3.4厘米，厚3.8厘米，宽7.1厘米，重121.5克的田黄石被来穗进行学术交流的美国加利福尼亚州大学副教授包华石先生见到后，欢喜若狂，爱不释手，连连表示要收藏这件宝贝，最后以13999元如愿以偿购得。这个价格，若以当时国内黄金牌价计算，相当于同等重量黄金的40倍，远超历史上"田黄易金三倍"之说。如果按城镇一般职工的工资水平计，约等于30年的总收入。

这消息经《羊城晚报》以《名贵寿山石价值逾万元，美国副教授重金买"田黄"》为题报道后，"田黄石价值连城"的消息不胫而走，引发80年代海内外收藏田黄石热潮。寿山也掀起了上百村民挖田寻宝的高潮，田黄石的市场价格不断飙升。（图202、图203）

福州地方政府为适应新形势，更好地发展寿山石开采业，决定将原国家投资兴办的"寿山石矿"管理体制从郊区下放红寮公社，实行"区社联营，以社为主"。不久，随着农村联产承包制的开展，开矿转为以私人为主的开采模式，大批村民入山凿洞取石，不单一些荒废多时的老坑旧洞如善伯洞、太极头、水晶洞、连江黄以及吊笕等恢复产石，而且还开发了荔枝洞（图204、图205）、鲎箕石、鸡母窝石、汶洋石、黄巢洞石，以及山秀园石等名贵新品种，改变了以往石种单一的状况。

"宦溪公社矿石厂"自开办以来，开发芙蓉石、半山石和峨嵋石等雕刻用材以及工业叶蜡矿石，产量逐年提高。至80年代初，年出产雕刻石达300多吨，工业用石2300多吨，一度成为寿山石雕的主要原材料来源。

1981年，寿山石雕多次参加国内外举办的大型展览、交易会，声名远播，成交热烈。主要有：3月，在福州举办的"福建省出口特艺品交易会"；4月，在长沙举办的"全国旅游产品、内销工艺品供应交流会"；5月，在日本长崎举办的"福州市工艺美术展销会"；6月，在加拿大蒙特利尔举办的"中国工艺品展"；8月，在北京举办的"福建工艺美术品展销会"；10月，在美国纽约举办的"福建工艺品展销会"，以及11月在墨西哥提华约举办的

图201
武夷风光
巧色高山石　50cm×45cm
郭功森作
天津市艺术博物馆藏

"福建省出口商品交易会"等等。

该年冬，福州雕刻工艺品总厂还在刚刚被列为特区的深圳市举办为期一个月的"福州雕刻工艺品展销会"，展出寿山石雕等精品5000余件。广东省副省长刘俊杰和香港福州十邑同乡会代表团参加开幕典礼。

1982年，在"全国第二届工艺品百花奖评审会"上，福州石雕厂"金桃牌"寿山石雕获"银杯奖"，罗源雕刻厂"三友牌"寿山石雕获"轻工部优质产品奖"。另有郭功森《竹林七贤》、林亨云《锦鳞游乐》和林廷良《九宝连环章》（图206）等七件作品获"优秀创作设计奖"。

该年10月，《寿山石志》（方宗珪编著，福建人民出版社出版）正式发行。该书全文约

152

图202　1980年广州举办的"福州工艺美展"上以万元高价出售的田黄冻石

图203　20世纪80年代初，寿山村掀起
　　　 掘田黄石热潮

图204　20世纪80年代新开发的寿山
　　　 荔枝洞外景

图205　荔枝冻原石

10万字，分为六章十八节，全面论述寿山石矿状、品类及雕刻艺术，是当代第一部寿山石专著。由潘主兰作序，刘海粟题写书名（图207）。11月，由福州雕刻工艺品总厂与香港商务印书馆联办的"寿山石展览"在香港开幕。这是一场有史以来首次在香港举办的寿山石专题盛会，展品2000多件，通过实物展示、现场献艺、学术讲座和发行专著相结合的形式，介绍寿山石的悠久历史、丰富品种、艺术流派、名人佳作，以及丰厚的寿山石文化内涵，令观者赞叹不已。展期16天，观众逾5万，场面火爆，轰动港澳台，声誉远扬东南亚（图208）。此后编著书籍图册，举办专题展览连连不断。

　　1983年夏，福州雕刻工艺品总厂与故宫博物院联合在北京故宫皇极殿举办"寿山石展览"，展出清宫秘藏帝王御用寿山石宝玺和近现代名家雕作近万件，在一个月中接待海内外观众25万人次。其中，雍正皇帝御用寿山石宝玺和当代雕刻名家郭功森《竹林七贤》、冯久和《鸟鸣花果艳》以及重达400余克的田黄冻石《红楼梦》薄意雕等珍品，令专家学者叹为观止。

图206
九宝连环章
巧色高山石
林廷良作

图207
《寿山石志》书影

图208
1982年11月香港"寿山石展览"
吸引大批海外鉴藏家前来参观

著名书画家董寿平、许麟庐和李铎等吟诗题词，百般赞颂。国务委员谷牧到场鼓励艺人："创作出更多更美的寿山石作品来丰富人们的精神生活。"著名作家端木蕻良观后在《花·石·宝》一文中称赞："寿山石是我们的国宝，雕刻寿山石的大师们更是我们的国宝。"

1984年9月，福建省文联、作协等单位在榕举办"寿山石诗会"，征集海内外诗词、书法作品百余件。西泠印社副社长钱君匋赋诗云："万朵云霞几度攀，珠光宝气绝人寰。风靡皖浙千家刻，功在印坛是寿山。"著名画家应野平题七律："彩石寿山出古岭，流传千载抵南金。冰清玉润涓涓净，画友书家处处寻。精品得章更显色，文房有伴足幽深。田黄艾绿芙蓉白，高格由来重艺林。"不绝如缕的诗歌，令稀世之宝寿山石名闻遐迩。（图209、图210）

在80年代一年一度的全国工艺美术界最高规格的"百花奖"评比中，寿山石雕屡屡得奖，其中有三件荣膺"金奖（珍品）"桂冠。分别是：1984年（第四届）林寿煁《田黄石薄意雕三件（套）》、1985年（第五届）周宝庭《二十八兽印纽石章》（图211）和1990年（第九届）林亨云《海底世界》。

《田黄石薄意雕三件（套）》是"东门"派第三代传人、著名老艺人林寿煁晚年的力作。分别选用三块田黄冻石为材料，完整保留石璞原形，充分利用石皮、纹理、因材施艺，巧施雕琢，石质高贵，雕工精致，允称"珍宝"。三件雕作分别是：《秋山行旅》（重550克），质料通体黄金色，光彩焕发，石面刻画山景人物，取宋画笔意，主题突出，意境深邃；《岁寒三友》（重255克），色若枇杷，璀璨夺目，作者利用石皮表现松、竹、梅高风亮节的品格，衬以鹤、鹿和喜鹊等象征吉祥的鸟兽，构思巧妙，生机无限；《柳鹅》则是用一块重约百克的银裹金田黄石刻制而成，作者运用浅浮雕的技法，利用白色表层表现一群白鹅嬉戏于溪涧柳阴，与黄色远景相衬，极尽诗情画意。（图212）

《二十八兽印纽石章》是周宝庭大师古稀之年创作的一套惊世之作，精选寿山名贵石种

图207

图208

制成28枚不同印式的图章，以浑圆古朴的表现手法，纽刻神兽瑞禽，形态各异，神情逼肖。（图213）

《海底世界》是石雕大师林亨云利用一块晶莹剔透、色具五彩的高山冻石为材料，精雕细琢一群动态各异的鱼游乐于海底珊瑚、水草之间。作者借鉴中国传统戏剧、绘画的特殊艺术表现手法，通过刻画鱼的不同姿态和柔软飘动的尾部，虽不直接雕刻水波，却有涟漪荡漾之感，产生深邃美妙的意境。（图214）

自1987年始，福州市政府恢复评授、晋升"工艺美术名艺人"荣誉称号的工作，并将称号分为特级、一级和二级三个级别。前后四届，寿山石雕"名艺人"新增82名。同时，福建省政府举行三次评授"工艺美术大师"荣誉称号活动，寿山石雕界有42名雕刻艺术家获此称号。

为总结汇报改革开放以来的成就，交流创作经验，进一步加快工艺美术事业的发展，轻工业部于1987年6月在北京民族文化宫举办"全国工艺美术展览会"。期间，李鹏副总理参观展览并作重要讲话。林亨云《锦鳞游乐》、林元康《铁拐李》、冯久和《花果篮》和郭功森《红桃颂千秋》等16件寿山石雕参展。

北京人民大会堂"福建厅"自1959年建成后，一直是我国党和政府主要领导人进行外事活动的重要场所，为适应改革新形势的需要，于1986年开始全面装修更新，并于翌年秋完工。经过装饰后的"福建厅"突出地体现出浓厚的民族风格、鲜明的地方特色和强烈的时代精神，室内陈列的艺术品均通过精心设计，臻善臻美。寿山石雕陈列品有张伟《群马》、陈承魁《神仙鱼》和方宗珪设计的六面《寿山石镶嵌花果挂框》等。

《群马》刻画八匹奔腾向前的骏马，丰姿神采，气势磅礴；《神仙鱼》利用冻石自然色彩，表现一群热带鱼游于珊瑚、水藻间，生动逼真；《寿山石镶嵌花果挂框》共六面，在高1.2米、宽1.6米的漆器框面拼接镶嵌多种质料、色彩的寿山冻石，组成美丽图画。（图

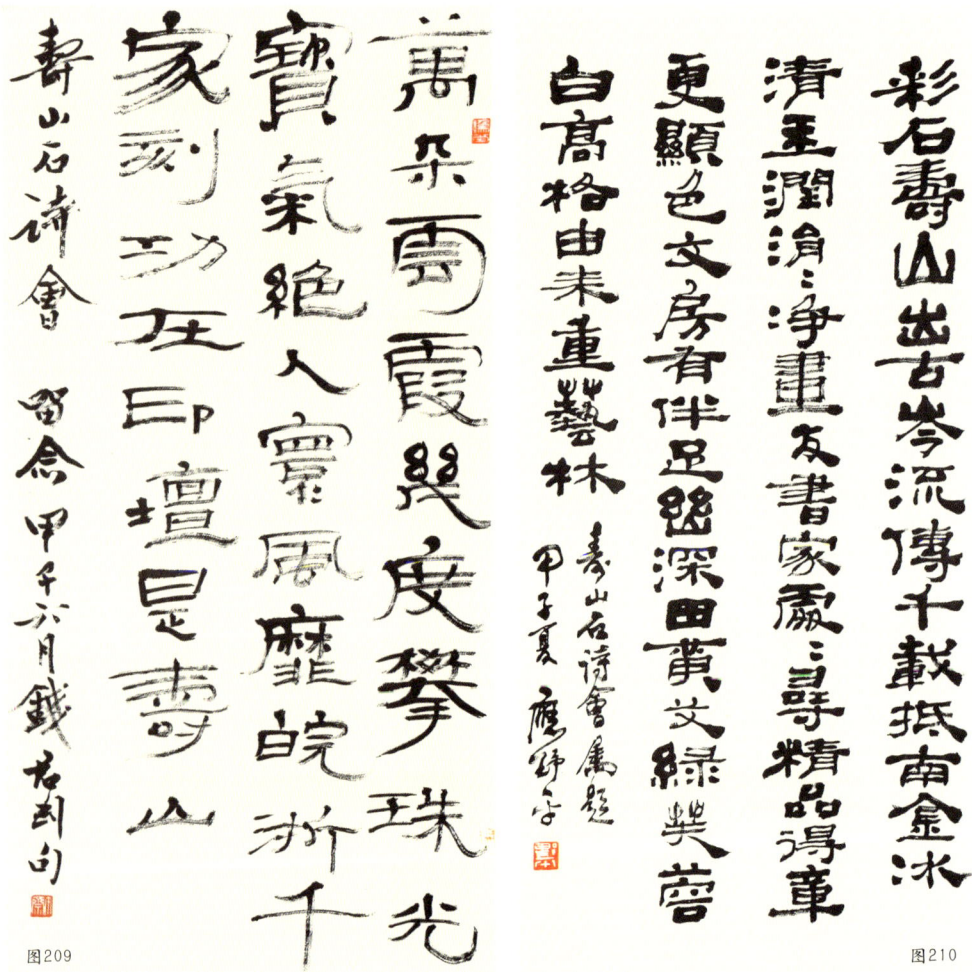

图209

图210

图211

图212

图213

215～图219）

　　1987年冬，中国地质科学院科技开发总公司等六单位联合在福州举办"寿山田黄石学术研讨会"，多位专家发表论文，从地质、矿物、文化、艺术等不同角度探讨田黄石的艺术和经济价值。中共中央政治局委员薄一波向会议赠送自己收藏的寿山石雕《孔雀辛夷》表示祝贺。

　　1988年4月27日，"全国第三届工艺美术艺人专业设计人员代表大会"在北京召开。会议期间，党和国家领导人李鹏、姚依林等接见全体代表。寿山石雕艺人郭功森、林亨云参加会议。会上，国家轻工业部向62位技艺高超、贡献突出的艺人授予第二届"中国工艺美术大师"荣誉称号。周宝庭获此殊荣。

　　周宝庭（1907－1989），小名依季，又号异臂，福建闽县（今福州市）人。早年师从林友琛，后又拜郑仁蛟门下，吸取各家精华，兼收并蓄，卓然成家，自立门派。以擅刻印纽、古兽和圆雕仕女而名于世。晚年集一生技艺创作了一批古兽文玩，造型古朴，神态逼真，运刀圆练，为寿山石雕艺术留下一份宝贵遗产。1985年，《二十八兽印纽石章》获第五届中国工艺美术品百花奖"金杯奖"（珍品）。其中一方《犀牛望月》被选作《寿山石雕》邮票图案。先后被授予福州市工艺美术特级名艺人、福建省工艺美术大师等称号。（图220、图221）

　　继后，中国轻工总会又分别于1993年和1997年评授第三、第四届中国工艺美术大师荣誉称号。1997年9月28日，国务院总理李鹏等领导同志在北京中南海接见全体大师并合影留念。寿山石雕刻名家林亨云和冯久和分别获得第三、第四届"中国工艺美术大师"荣誉称号。

　　林亨云，1930年生。福建闽侯县（今福州市）人。初学木雕，在人物、动物造型上有较深的造诣。20世纪70年代改业寿山石雕，集木、石传统技艺于一身，自成家法，以圆雕动物

图215
北京人民大会堂"福建厅"内景（1987年）

图215

图213
二十八兽印纽石章
周宝庭作
1985年获第五届中国工艺美术品百花奖"金杯奖"（珍品）

图214
海底世界
巧色高山石
50cm×63cm×30cm
林亨云作
1990年获第九届中国工艺美术品百花奖"金杯奖"（珍品）

图214

图216
群马
张伟作
高山石　65cm×80cm
1987年选送北京人民大会堂"福建厅"陈列

图217
神仙鱼
陈承魁作
巧色高山石　25cm×43cm
1987年选送北京人民大会堂"福建厅"陈列

图218
寿山石镶嵌花鸟挂框
120cm×160cm

图219
技术人员在大会堂现场布置

图218   图219

最富特色。主要作品有《锦鳞游乐》《文成公主》和《寒天一霸》等。1990年，《海底世界》获第九届中国工艺美术品百花奖"金杯奖"（珍品）。先后被评为高级工艺美术师职称及福州市工艺美术特级名艺人、福建省工艺美术大师等称号。（图222、图223）

冯久和，原名求和，字鹤年，1928年生。福建闽侯县（今福州市）人。早年跟随黄恒颂学习石雕，承师法，以擅刻动物、花鸟见长，塑造猪形象尤为佳妙。主要作品有《群猪》《延年颂》和《欣欣向荣》等。1972年创作《花果累累》参加"全国工艺美术展览"，获广泛好评，被选作《寿山石雕》邮票图案。先后被评为高级工艺美术师职称及福州市工艺美术名艺人、福建省工艺美术大师等称号。（图224、图225）

1989年8月，福州石雕厂"金桃牌"寿山石雕获首届北京国际博览会"金牌奖"。是年冬，"中国工艺美术馆"建成，郭功森《竹林七贤》、冯久和《花果累累》、陈敬祥《群马》、林发述《三子戏佛》、林碧英《寿山石花鸟十章》和陈文斌《三个和尚》等13件寿山石雕珍品被该馆收藏（图226、图227）。不久，"福建省工艺美术珍品馆"亦告成立，由省政府拨巨款收购珍藏，使大批寿山石精品得到保护。

1992年12月，福州举办建市以来首次大型的国际性"'92中国福州工艺美术节"，融文化、旅游、民俗和经贸于一体，精彩纷呈。千余名海内外嘉宾前来参加此次盛会。期间还举行一场别开生面的"榕台寿山石与篆刻艺术研讨会"，邀请台湾和福州文化界、篆刻界及寿山石界的专家、学者聚集榕城，发布论文，并出版《论文集》（图228）。时任中共福州市委书记习近平在《论文集·序言》中，称这次研讨会"是美术家们多年来甚至是毕生钻研、不倦奋斗的智慧的结晶，必将对寿山石雕刻艺术起到积极的促进作用"。

1995年5月16日，时任中共中央政治局常委胡锦涛在闽视察期间，专程到福州雕刻工艺品总厂参观。

1996年，马达加斯加发行一枚《福州寿山石雕艺术》小全张邮票（140mm×90mm），

图220　周宝庭像

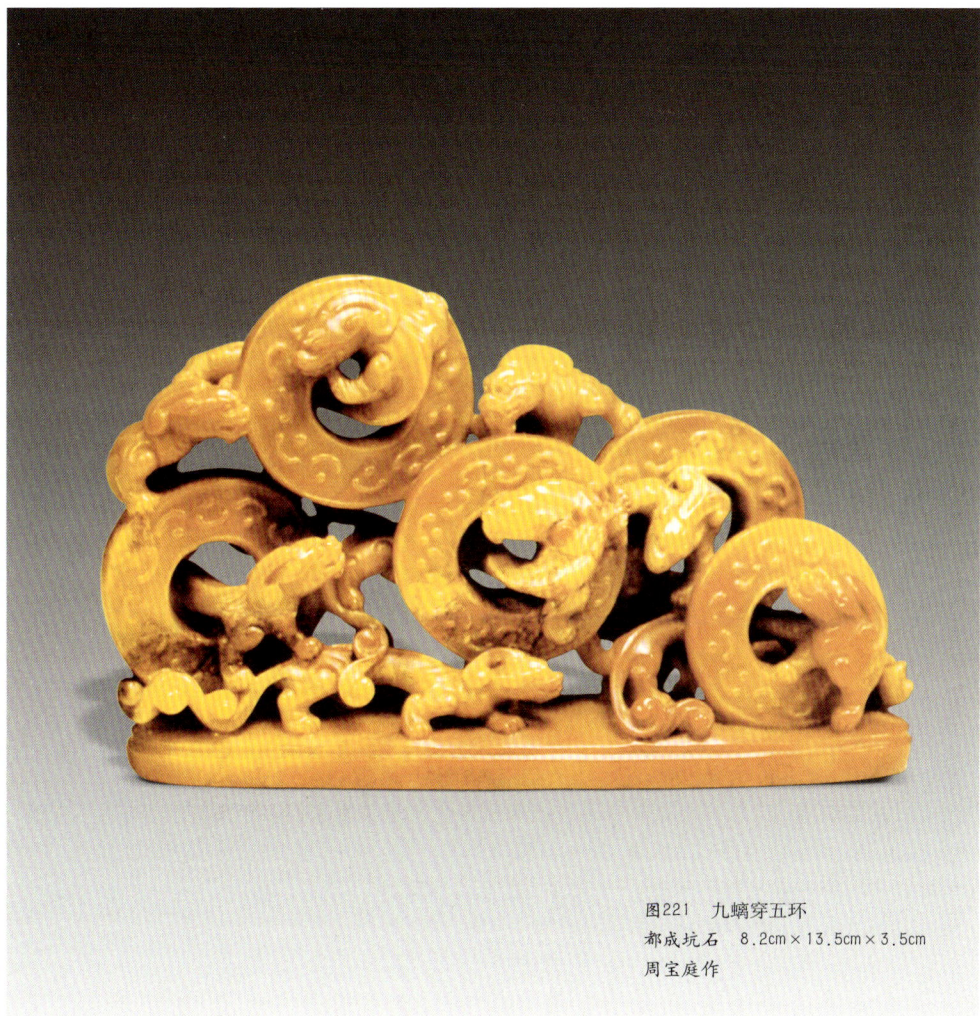

图221　九螭穿五环
都成坑石　8.2cm×13.5cm×3.5cm
周宝庭作

图222
林亨云像

图223
白熊纽对章
巧色高山冻石
10.5cm×2.7cm×2.7cm
林亨云作

图222

图223

图224　冯久和像

图225　群猪　高山石　冯久和作　福建省工艺美术珍品馆藏

图226
中国工艺美术馆外景

图227
三个和尚　银裹金旗降石
24cm×22cm×18cm
陈文斌作
中国工艺美术馆藏

图226

图227

图228 榕台寿山石与篆刻艺术研讨会会场

由四枚石雕图案以"田"字形组成。图案分别采用：《乾隆御用田黄三链章》和刘爱珠《寻梅图》、郑明《鳌鱼戏水》、郭祥忍《丝瓜与蝉》。该小全张值四百西非法郎，由我国著名邮票设计师潘可明设计，在瑞典印刷。这是寿山石雕第一次登上异国邮票。（图229）

1997年，中国邮政部门首次发行一套由四枚邮票和一枚小型张组成的《寿山石雕》邮票。由任国恩、柯水生设计，河南邮电印刷厂印刷。图案分别采用：江依霖《田黄秋韵》（情满西厢），30mm×40mm，面值50分；周宝庭《犀牛沐日》（犀牛望月），30mm×40mm，面值50分；冯久和《含香蕴玉》（花果累累），30mm×40mm，面值150分；林发述《醉入童真》（三仙醉酒），30mm×40mm，面值150分；小型张为《乾隆链章》，97mm×97mm，面值800分。为纪念这套《寿山石雕》邮票的发行，8月17日在福州举办隆重的首发仪式。为配合邮票发行，邮政部门同时推出多种邮品、纪念票等。（图230、图231）

为了提升寿山在社会上的知名度，福州市政府于1991年初决定将寿山主要石矿所在地的红寮乡更名为"寿山乡"。后又于2004年将岭头乡并入，从而全乡总面积达170多平方公里，辖寿山等22个行政村，总人口12000多人。充分发挥寿山石这一品牌载体的作用，发展文化经济。（图232）

福州新建两处以经营寿山石雕为主体的大型商场——"藏天园"和"特艺城"，分别于1998年和1999年相继开业，各设寿山石专卖店四五十间。（图233）

针对市场销售寿山石及其雕刻品中石种定名不规范的状况，为规范生产和销售寿山石及其雕刻品的石种鉴定、标志内容和标志方法，以保障市场公平竞争和保护消费者的利益，福建省技术监督局于1999年初发布《寿山石雕石种名称标识规定》（DB35/313－1998），并于该年3月1日开始实施。翌年冬，福建省技术监督局又发布一份《寿山石》地方标准（DB35/419—2000），规定了寿山石的定义、特征和鉴定方法。（图234）

1999年5月，福州市政府举办"首届寿山石文化博览会"，展示精品两千多件，14个国家和

图229　马达加斯加发行的《福州寿山石雕艺术》邮票

图230　中国邮政发行的《寿山石雕》邮票：乾隆链章（小型张）

图231　中国邮政发行的《寿山石雕》邮票：含香蕴玉、田黄秋韵、
　　　　犀牛沐日、醉入童真（从左至右）

图229

图230

图231

図232　寿山乡政府所在地——岭头

地区近百家企业、社团应邀参加。展品中一件重达五千克的特大田黄石备受观众瞩目。8月，在国家地矿部、中国宝玉石协会发起组织的"中国国石推荐定名"活动中，寿山石荣登候选"国石"榜首。在此后的2000年和2001年两次评议中，寿山石均名列"石类"第一。（图235）

是年国庆期间，一批寿山石雕名作参加在京举办的"中华人民共和国建国50周年成就展"，中共中央总书记江泽民在省领导的陪同下参观福建馆时，高度赞扬寿山石雕艺术。

为表达福建人民迎接澳门回归祖国的喜悦之情，福建省政府决定以林亨云和林飞、林东父子三人花费近一年时间创作完成的大型寿山石雕《春满大地》作为赠送澳门特区的礼品。该作品选用巧色高山冻石为材料，长宽各约65厘米，厚22厘米，重达150公斤。采用圆雕表现手法，掺以浮雕、镂空雕多种技艺，主景刻画福建名山武夷山水和参天榕树，点缀以亭阁、人物，寓意欣欣向荣，人民安居乐业。气势雄伟，寓意深远，将福建人民对澳门同胞的深情厚谊和美好祝愿融于高山流水之中。1999年12月3日举行隆重启运仪式，福建省党、政领导陈明义、习近平为礼品揭幕起行。（图236）

鉴于寿山石矿出现个别单位与个人侵占、滥采现象，为有效地保护寿山石这一不可再生的稀有彩石资源，2000年4月24日，福州市人民政府颁布《福州市寿山石资源保护管理办法》。该《管理办法》于2002年经福建省人民代表大会第36次会议审议通过，并报省人大常委会批准，成为福建省地方性法规。文件明确规定："寿山石资源属于国家所有，不因其所依附的土地的所有权或者使用权的不同而改变。禁止任何单位和个人侵占或破坏寿山石资源。"还划分出"田黄石"的保护区范围。《管理办法》的颁布实施，标志着寿山石资源的保护管理纳入了法制轨道。（图237）

步入21世纪，寿山石文化事业更加繁荣昌盛。

寿山石的故乡——寿山，因石而贵，借石生辉。2001年，一座占地4000平方米，富有江南特色的三层殿堂"中国寿山石馆"在风光秀丽的寿山溪畔拔地而起（图238）。以它为中

图233　福州"特艺城"外景

心建设的寿山石文化广场、寿山古街、寿山田黄溪，以及寿山石观光洞等寿山文化村景观，构成一道亮丽的风景线。加上周边的朱熹讲学处、黄榦陵园、高峰书院，以及林阳寺、九峰寺、翠微院等千年古迹的发掘、修复，使得寿山更加富有深厚的历史文化底蕴，范围涵盖寿山、日溪和宦溪三个乡镇，面积逾200平方公里。2005年被国家国土资源部命名为"国家级矿山公园"，吸引着海内外游客前来游览。寿山石出产地晋安区也被国家文化部命名为"中国寿山石民间艺术之乡"。2006年，寿山石雕被列入国务院"第一批国家级非物质文化遗产"保护名录。

2007年初，第五届"中国工艺美术大师评审表彰大会"在北京人民大会堂举行，中共中央政治局常委、国务院总理温家宝发来贺信，对本届"大师"荣誉称号获得者表示祝贺。国务院副总理曾培炎出席大会并发表讲话。

在本届全国评授"大师"称号的161人中，寿山石雕行业有郭懋介、林元康、林发述、王祖光、叶子贤、林飞和潘泗生等七位雕刻艺术家获此殊荣。（图239）

郭懋介，1924年生，福建闽侯县（今福州市）人。早年拜林友竹为师，后从事古玩、书画及篆刻工作。饱览古今遗迹，遍游名山大川，熔诗、书、画、篆诸艺于一炉，雕刻浮雕、薄意别具风格。主要作品有《钟馗抓鬼》《招财进宝》和《十六应真》等。先后被评为高级工艺美术师职称及福州市工艺美术名艺人、福建省工艺美术大师等称号。（图240）

林元康，1925年生，福建闽侯县（今福州市）人。幼从林元庆学艺，又拜周宝庭为师，曾参加浙江美术学院培训。博取众家之长，渐成自己的风格，以圆雕人物、山水见长。主要作品有《拾麦穗》《铁拐李》和《飞夺泸定桥》等。先后被评为高级工艺美术师职称及福州市工艺美术名艺人、福建省工艺美术大师等称号。（图241）

林发述，字阿述，1929年生，福建闽侯县（今福州市）人。早年入林友竹门下学习寿山石雕，同时刻苦研习国画，得陈子奋、宋省予指点。创作善用画理，形成自己的风格，擅长

图234

图235

图234　福建省技术监督局《寿山石雕石种名称标识规定》
　　　和《寿山石》地方标准

图235　"中国国石"学术研讨会会场

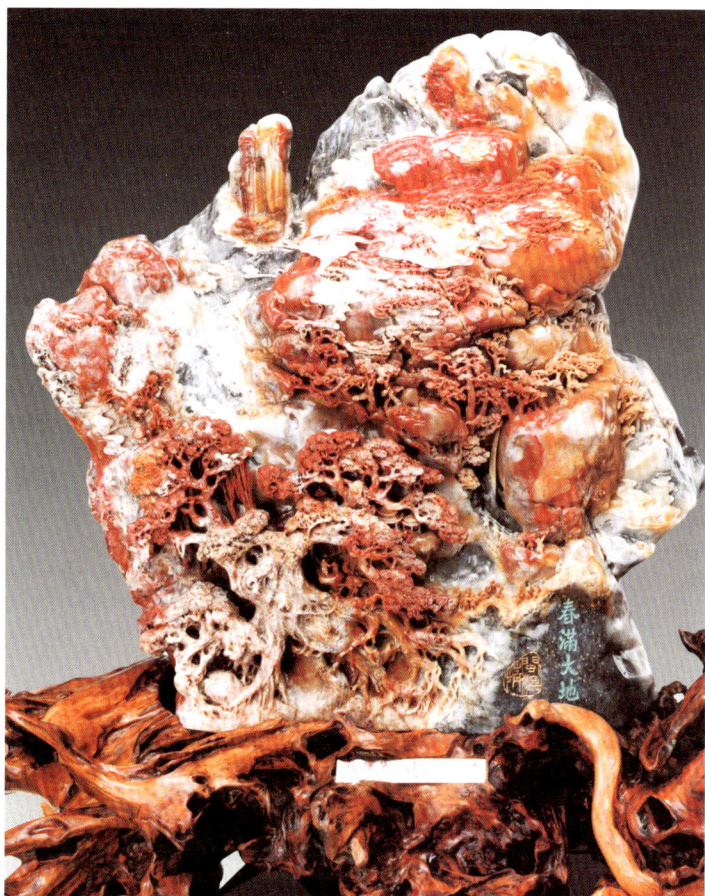

图236

图236
春满大地
林亨云、林飞、林东合作
巧色高山冻石
65cm×65cm×22cm
澳门特别行政区政府藏

图237　福州市人民政府令（第18号）

图238　中国寿山石馆外景

图239　2007年荣获第五届"中国工艺美术大师"称号的雕刻艺术家
　　　　前排左起：王祖光、林元康、郭懋介、林发述
　　　　后排左起：林飞、叶子贤、潘泗生。

福州市人民政府令

第　18　号

《福州市寿山石资源保护管理办法》已经2000年4月24日福
州市人民政府第十次常务会议审议通过,现发布施行。

市　长　翁福琳

二〇〇〇年四月二十四日

图237

图238

图239

图240
渔读
红善伯冻石
6.5cm×4.5cm×2.5cm
郭懋介作

图241
铁拐李
巧色旗降石
8.8cm × 6.5cm × 4cm
林元康作

圆雕人物及花鸟。主要作品有《三仙醉酒》《鱼游海树》和《雏鸡》等。其中，《三仙醉酒》被选作《寿山石雕》邮票图案。先后被评为高级工艺美术师职称及福州市工艺美术名艺人、福建省工艺美术大师等称号。（图242）

王祖光，1942年生，福建闽侯县（今福州市）人。幼随父学艺，又师林友琛、周宝庭。擅刻圆雕人物，尤喜追摹明清雕塑手法塑造"观音"形象，端庄娴静、慈善祥和，独具艺术魅力。主要作品有《寿比南山》《观音坐像》和《老子出关》等。先后被评为高级工艺美术师职称及福州市工艺美术名艺人、福建省工艺美术大师等称号。（图243）

叶子贤，1950年生，福建福州市人。早年从业木、牙雕刻，后改业寿山石雕。精通圆雕、高浮雕技法，擅刻古典人物题材，形象生动，做工精细。主要作品有《八仙过海》《安居乐业》和《心齐水自多》等。先后被评为高级工艺美术师职称及福州市工艺美术名艺人、福建省工艺美术大师等称号。（图244）

林飞，字田觅，1954年生，福建福州市人。幼受父辈熏陶，爱好美术，承家学。又入福建工艺美术学校深造，师周荷生、王则坚。博采众长，另辟蹊径，汲取西方雕塑精华，开创石雕新形式。所作雕件、印纽富有时代感，尤其擅刻"裸女"。主要作品有《独钓寒江雪》《盘古开天地》和《万象更新》等。先后被评为高级工艺美术师职称及福建省工艺美术大师等称号。（图245）

潘泗生，1954年生，福建罗源县人。自幼喜绘画、雕塑，师从林飞。潜心钻研寿山石雕，不断创新，形成自己的风格。擅长高浮雕、圆雕，构思富有诗情画意。主要作品有《雅集图》《枫林牧鹅图》和《寒夜客来茶当酒》等。先后被评为高级工艺美术师职称及福州市工艺美术名艺人、福建省工艺美术大师等称号。（图246）

自改革开放30年来，在中央主管机关先后举办的五次评授"中国工艺美术大师"荣誉称号的活动中，寿山石雕艺术家中获此国家级称号者共11人，人数为各艺种之冠。

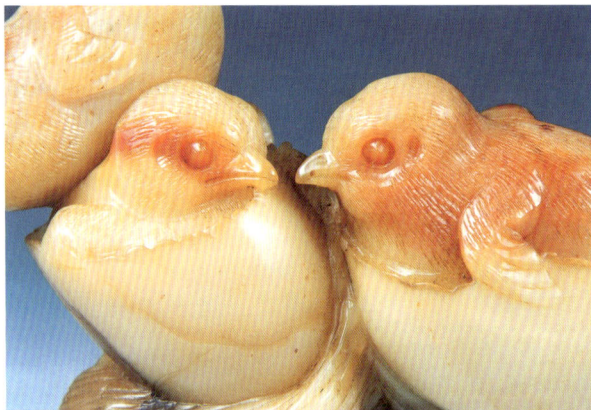

图242
雏鸡
巧色高山石
林发述作
（上）局部

图243
观音坐像
脂白芙蓉冻石
9.5cm×5.5cm×3.5cm
王祖光作

随着国民经济的高速发展、人民生活的不断提高及国际文化交流的繁荣，寿山石交易市场也呈现出空前活跃的景象。在福州具一定规模的寿山石及其雕刻品集市，除20世纪末建成的藏天园和特艺城外，新增左海文化艺术村、寿山石交易中心、汉唐文化城、寿山石文化城和东方古玩城等多家。经营寿山石的商铺遍及京、津、沪、杭、穗、深等大中城市和港、澳、台地区，以及日本、新加坡、马来西亚、俄罗斯等国。近年以来，古今寿山石珍品频频在海内外拍卖市场亮相，吸引众多收藏家到场竞拍。2008年冬，享誉海内外的中国嘉德国际拍卖有限公司在北京举办的"国石·国艺"拍卖专场，拍品主要来自海内外回流的寿山石雕，创造成交量逾90%，成交额1600多万元的新纪录。

多年来，海内外出版寿山石书籍、图册数十种。2006年全球第一本以服务广大寿山石爱

图244　弥勒纽方章　白高山冻石　9.8cm×3.1cm×3.1cm　叶子贤作

图245　童子戏弥勒　巧色善伯冻石　10cm×7cm×5.3cm　林飞作

图246
薄意春色满园方章
水洞高山桃花冻石
6.8cm×1.8cm×1.8cm

潘泗生作

图247　《寿山石》杂志创刊号封面

图248　李岚清刻赠福建博物院（上）
　　　　和福州市（下）的篆刻作品
　　　　印文：印石之乡篆刻中华　寿山石

图249　李岚清题词"寿山国石"

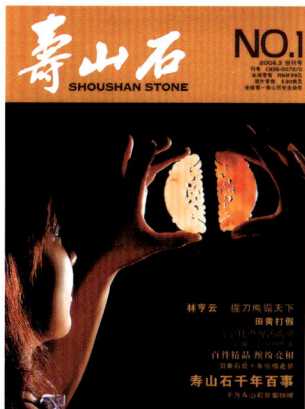

图247

好者、经营者、雕刻家、收藏家和研究者为宗旨的《寿山石》双月刊创办，更对寿山石文化的传播起到巨大的推动作用。（图247）

　　2008年5月，江泽民同志在福州考察时，为寿山石雕题词"国石瑰宝"，对弘扬寿山石文化寄予厚望。同年11月，李岚清同志来榕举办"篆刻艺术展"，分别赠送福建省、福州市和福建博物院精心篆刻的印章和书法作品。其中，赠福州市的方章篆刻白文"寿山石"，书幅亦为"寿山石"三字行书；赠福建博物院的方章篆刻朱文"印石之乡，篆刻中华"，书幅题云"福建乃印石之乡，以盛产精美寿山石而闻名于天下，为弘扬篆刻石雕艺术做出了重要贡献。作为一名篆刻爱好者谨将拙作一枚赠福建博物馆以为纪念。戊子深秋李岚清"。在参观福州雕刻工艺品总厂时，李岚清与石雕大师们亲切交谈，称赞"寿山石雕博大精深，刀法了得"，还欣然挥毫题写"寿山国石"四个神韵洒脱的大字，表达对寿山石文化的良好祝愿。（图248、图249）

图248

图249

主要参考书目

《三山志》（宋代·梁克家）

《方舆胜览》（宋代·祝穆）

《宋·会要辑稿》（宋代）

《建炎以来系年要录》（宋代）

《八闽通志》（明代·陈道修、黄仲昭）

《闽都记》（明代·王应山）

《观石录》（清代·高兆）

《后观石录》（清代·毛奇龄）

《福建通志》（清代·谢道承）

《闽中录》（清代·郑傑）

《闽产录异》（清代·郭柏苍）

《福建矿务志略》（民国·梁津）

《石雅》（民国·章鸿钊）

《福建近代民生地理志》（民国·陈文涛）

《说印》（民国·陈亮伯）

《寿山石谱》（民国·龚纶）

《寿山石考》（民国·张俊勋）

《寿山印石小志》（民国·陈子奋）

《西泠八家印选》（民国·丁仁）

《晚清四大家印谱》（民国·宣和印社）

《考古学报》（中国科学考古研究所科学出版社　1958）

《寿山石刻史话》（潘主兰　1972）

《中国工艺美术》（中国轻工出版社、外文出版社　1973）

《明清帝后宝玺》（故宫博物院、紫禁城出版社　1996）

《福州文物集萃》（福州市文物局、福建人民出版社　1999）

《明清帝后玺印》（郭福祥　国际文化出版公司　2003）

《故宫文物月刊》（台北故宫博物院　2004）

《福建文博》（福建省考古博物馆学会、福建博物院　2005）

《寿山石》（寿山石杂志社　2006－2008）

　　本书部分插图选自海内外权威专业书刊。其中，《明清帝王宝玺和御赏珍品》一节中，宫廷御用寿山石制品图片多取于《中国美术全集》、北京故宫博物院编《明清帝后宝玺》和台北故宫博物院编《故宫文物月刊》。出土古代寿山石雕以福建博物院、福州市博物馆等地方文博单位收藏品为主。近现代寿山石雕刻品系由中国工艺美术馆、福建省工艺美术珍品馆，以及雕刻家、收藏家提供，谨致谢忱。

　　方宗珪，字方石，号阿季。

　　1942年2月生于福建福州。擅书画，精雕艺，致力寿山石理论研究40多载。

　　出版有《寿山石志》《寿山石全书》和《中国寿山石》等近十部专著。

　　现为高级工艺美术师，获"特级名艺人"荣誉称号。

　　现任中国宝玉石协会理事、印石专委会常务副主任等职。